豹在雪山之巅
SNOW LEOPARDS IN THE WILD

生态环境部宣传教育中心 ◎主　编

北京环保娃娃公益发展中心
“福特汽车环保奖”组委会 ◎副主编

图书在版编目（CIP）数据

豹在雪山之巅 / 生态环境部宣传教育中心主编．--北京：中国经济出版社，2022.6
（蓝星使者）
ISBN 978-7-5136-6921-4

Ⅰ．①豹… Ⅱ．①生… Ⅲ．①豹－普及读物 Ⅳ．①Q959.838-49

中国版本图书馆 CIP 数据核字（2022）第 077245 号

策划统筹 姜 静
责任编辑 王西琨 郑 潇
责任印制 马小宾
装帧设计 墨景页 刘秦樾

出版发行 中国经济出版社
印 刷 者 北京富泰印刷有限责任公司
经 销 者 各地新华书店
开 本 880mm×1230mm 1/32
印 张 4.75
字 数 95 千字
版 次 2022 年 6 月第 1 版
印 次 2022 年 6 月第 1 次
定 价 68.00 元
广告经营许可证 京西工商广字第 8179 号

中国经济出版社 网址 www.economyph.com 社址 北京市东城区安定门外大街 58 号 邮编 100011
本版图书如存在印装质量问题，请与本社销售中心联系调换（联系电话：010-57512564）

《豹在雪山之巅》编委会

《蓝星使者》丛书序言

THE EARTH GUARDIANS SERIES FOREWORD

20世纪60年代，由雷切尔·卡逊所著《寂静的春天》一书，让全世界开始关注受化学品侵害的自然生物。面对环境污染、物种自然栖息地破坏等造成的生物多样性问题，1992年6月1日，由联合国环境规划署发起的政府间谈判委员会第七次会议在内罗毕通过《生物多样性公约》，并于同年6月5日在巴西里约热内卢联合国环境与发展会议上正式开放签署，中国成为第一批签约国。1993年12月29日，《生物多样性公约》正式生效。中国的积极建设性参与，为谈判成功及文件正式生效作出了重要贡献。

2016年，我国正式获得《生物多样性公约》第十五次缔约方大会（COP15）主办权，这是我国首次举办该公约缔约方大会。2021年10月11日至15日，COP15第一阶段会议在云南昆明召开，国家主席习近平以视频方式出席领导人峰会并作主旨讲话，提出构建人与自然和谐共生、经济与环境协同共进、世界各国共同发展的地球家园的美好愿景，并就开启人类高质量发展新征程提出四点主张，宣布了包括出资15亿元人民币成立昆明生物多样性基金、正式设立第一批国家公园、出台碳达峰碳中和“1+N”政策体系等一系列务实有力度的举措，为全球生物多样性保护贡献了中国智慧，分享了中国方案，提出了中国行动。

虽然《生物多样性公约》已生效约30年，但生物多样性保护仍面临诸多挑战。联合国《生物多样性公约》

秘书处2020年9月发布第五版《全球生物多样性展望》（GBO-5），对自然现状和“2010—2020年的20个全球生物多样性目标”完成情况进行了最权威评估。该报告指出，全球在2020年前仅“部分实现”了20个目标中的6个，全球生物多样性丧失趋势还没有根本扭转，生物多样性面临的压力仍在加剧，例如，栖息地的丧失和退化仍然严重，海洋塑料和生态系统中的杀虫剂等污染仍然突出，野生动植物数量在过去十年中持续下降，等等。事实告诉我们，全球正处于生物多样性保护的关键时期，实现人与自然和谐发展仍然任重道远。

唤起公众保护生物多样性意识，促进人与自然和谐共生是生态环境宣传教育的重要内容。这套《蓝星使者》丛书以旗舰物种为重点，致力于讲述野生动植物的生存故事和人类与它们的互动故事。这些故事会让我们看到，身为食物链顶端的物种，我们有责任去维护自然界的完整与和谐。本套丛书共五册，分别是《豹在雪山之巅》《自然界的灵之长》《守护自然飞羽》《呵护水精灵》《探秘红树林》，由生态环境部宣传教育中心联合中国经济出版有限公司、北京环保娃娃公益发展中心、“福特汽车环保奖”组委会共同策划实施。

本套丛书内容全部来自25家遍布全国的社会组织，故事和图片出自其中41位从事一线动物保护（研究）工作人员，他们深入高山荒野，穿梭在丛林野外，游走于江海滩涂，掌握了许多珍贵的野生动植物第一手资料，这些动人的故事都将在这套丛书中集中呈现。本套丛书中涉及200余个物种，既包括人们比较熟知的雪豹、藏狐、金丝猴、绿孔雀、丹顶鹤、长江江豚等，也有相对小众却同样重要的高原鼠兔、白马鸡、乌雕、白眼潜鸭等。

在自然链条中，人与其他物种相互关联。人类没有条件在寂静的春天中独自生存和发展。阻止并最终扭转当前生物多样性的下降趋势，是人类社会共同的责任和价值。让我们先从认识生物多样性的价值，了解身边的“蓝星使者”开始吧！

田成川
2022 年 6 月

目录
CONTENTS

雪豹的隐秘世界

02

雪豹粪便中的生态密码

05

保护雪豹，保护赖以生存的水源地

06

穿越雪豹之地

雪豹的餐单有多丰富

出门左转就能捡到雪豹

许雪豹一个更加光明的未来

四月的高原，
动物们更新了生命的数量，
阳光不一样了，
还有风。

“春天来了！”
小生命们欢呼着。
它们被自然尊重的好奇心，
异常活跃，晴空映照着万物的身影。她
藏在斑驳的影子里，
释放警惕的舐犊之爱。
“嘘！”
她对着自己的小崽子们说：
“藏好，别出声。”
残酷和美好，
在降生的那一刻同等重要。

爱会隐藏在时间光轮里，
成为掌握哺育法则的武器。
在她目光所及之处，
最狡猾的，趁着乱离开了，
最聪明的，会留下它们的巢穴，
最弱小的，会像星星一样留在夜空。

THE SECRET WORLD OF SNOW LEOPARDS 01

雪豹的隐秘世界

雪豹

雪豹

雪豹（学名 *Panthera uncia*），美丽而濒危的猫科动物，它机警神秘，独来独往，远离人迹，昼伏夜出，悄无声息，很少有人能发现它们的行踪。它们总是低调地挑选一片贫瘠的土地作为自己的栖身之所。

可是，在那样严苛的自然条件下，它们为了保护自己都动用了哪些手段？它们的亲子关系紧张吗？它们如何维系竞争型家族关系？它们如何应对危机四伏的社会关系？……北京大学动物学博士肖凌云和荒野新疆[①]的发起者邢睿将把雪豹有趣且有料的世界为大家一一呈现。

① 荒野新疆，注册名为“乌鲁木齐沙区荒野公学自然保护科普中心”，是由热心生态保护事业的自然爱好者组成的非政府组织（Non-governmental Organization，NGO）。该机构立足新疆，助力自然科普传播，助益自然爱好者重识荒野、保护荒野，成就更好的自己，守护更美的新疆。从 2014 年开始，在新疆林草部门的支持下，荒野新疆志愿者团队在乌鲁木齐南部山区约 100 平方千米的范围内进行雪豹监测。到 2018 年，共拍摄到雪豹 1355 次，记录了 32 种不同的雪豹行为，初步建立了乌鲁木齐区域雪豹个体影像数据库。

到嘴的晚餐被抢走了

2014 年 4 月的一个傍晚，大雪纷纷扬扬地洒落在山谷里。三只雪豹同时出现在路边的山坡上。一只毛色略深，脸颊微黄，应该是母亲。另外两只虽然一般大小，但毛蓬蓬的脑袋、干净的鼻头暴露了它们的年龄——它们是即将脱离母亲的两岁小崽。

野外工作中的肖凌云　供图 / 肖凌云

三只雪豹走走停停，恋恋不舍的神态说明附近必有猎物。肖凌云和同伴们组成的“追兽小组”在四周搜索一番，果然在山脚下发现了一具新鲜的牦牛尸体。显然，雪豹是因为发现了他们才没有扑向猎物，而是一步三回头地爬上山坡，卧倒在草甸上，不再动弹。

它们身体的花纹和颜色立刻和周边的环境混为一体，要不是刚刚大家已经看到了这三只活生生的雪豹，这会儿肯定发现不了它们。

雪豹烟灰或奶黄的毛色与岩石上的地衣特征极其相似，这使它们很好地与周围的裸岩环境融为一体。相信见过雪豹的人都有类似感受：如果雪豹不动，即使它在你面前，你也看不见它。所以当你在雪豹栖息地里行走时，往往早有雪豹在暗中观察你了，但只有 1% 的机会你们能同时看见彼此，大部分时候都是在演绎“完美错过”。

大家又是录像又是拍照，忙活了好一阵。眼看着天也快黑了，但雪豹似乎在更耐心地等待着肖凌云他们离去。大家有些过意不去，就说：“咱们走吧，好让它们享用美餐。”可就在此时，三只雪豹却忽然不约而同地抬起头往背后的山顶看去，随后躲的躲逃的逃，其中雪豹妈妈更是直接从小组的车前两米处跑过。

面对这种突如其来的变故，大家不由得怔住了，难道有对手现身？那也只能是狼（学名 *Canis lupus*）群或棕熊（学名 *Ursus arctos*）了。可到处搜寻，却不见狼群或棕熊的踪影。不一会儿，一只壮实的公雪豹慢慢走了下来，额方脸阔，不怒自威。这位尊者显然也没把肖凌云他们放在眼里，目中无人地越走越近，直接趴到了路边的牦牛尸体边，开始独自享用这顿丰盛的晚餐，可怜那母子三口，却因为惧怕人类而错过了一顿美餐。

豹母三迁

这件事在大家的脑海里留下了无数的问号：

同一领地内的公雪豹会威胁雌雪豹母子吗？

它们之间有怎样的故事？

雪豹是否也有猫科动物臭名昭著的杀婴行为？

在纪录片《花豹女王》（*Leopard Queen*）中，摄影师约翰·瓦提（John Varty）用了18年跟拍一个豹（学名 *Panthera onca*）家族。狮（学名 *Panthera leo*）、斑鬣狗（学名 *Crocuta crocuta*）、非洲岩蟒（学名 *Python sebae*）、疾病都是豹母子潜在的威胁；而争夺领地的公豹，更是需要母豹调动极致的智慧去周旋，才能变威胁为保护伞。

纪录片中的雌性花豹玛娜娜周旋于两只为争夺领地疯狂杀婴的公豹之间，好不容易产下独子，却被岩蟒吞食，悲愤的母亲玛娜娜不顾危险发起攻击，最终只是为了再看一眼孩子的尸体，这一幕现在想起来都令人心酸。

大家不由得相信，雪豹家族的故事也绝不会比其他豹类逊色。

小组曾在野外多次见到带崽的母雪豹。这些母亲都非常注意巢址的保护，极力避免暴露行踪。一旦巢址被人类发现，它们多半会就地潜伏，然后以猫科动物偷袭猎物练就的超强耐心跟人死耗，绝不会贸然行事，甚至不惜耗到黑夜来临。

搬家的雪豹母亲　摄影 / 山水自然保护中心

有一次，小组冷不丁地撞见母雪豹和一个月大的幼崽蜷伏在洞中，母雪豹逃也不是，打也不是，很是纠结，最终只好选择隐忍，继续看护幼崽，两周后它带着幼崽默默地搬了家。为了避免暴露行踪，雌性猫科动物常有“豹母三迁”的习惯，但不得不说小组的偶然出现是母雪豹搬家的主要原因。红外相机镜头记录下这位母亲一只接一只地叼走了三只幼崽的画面，但其间寻找新巢穴的艰难、搬家路上潜在的危险……我们只能想象。想当年“孟母三迁”是为了给儿子寻一个好的邻居，如今的“豹母三迁”是为了给孩子找一个安全的家。

由此可见，人与动物在母爱的体现上是没有什么差异的。

棕熊

哺乳纲，熊科。是陆地上食肉目体型最大的哺乳动物之一。主要栖息于寒温带针叶林环境。棕熊有冬眠的习惯。

雪豹爸爸的责任

小组也撞见过半岁大的幼崽与母亲一起趴在岩壁上晒太阳。相见之下，母亲惊慌地弃幼逃走，只有其中的一只小雪豹跟着妈妈逃离，另外三只幼崽却傻乎乎的，不知出现在它们面前的人类为何物，瞪着萌翻天际的蓝眼睛，与小组对视良久。大家不由感慨：只见到母亲无奈地逃走，却无从体会豹妈妈心中的担忧。

也许有人读到这里会不由地好奇并充满疑问——雪豹是丧偶式育儿，雄性雪豹主要负责提供精子？这种想法也对，也不对。跟鸟类不同，哺乳动物的雄性基本都不会直接参与育儿，但是它们会承担守护自己领地内雌性同伴和子女安全的责任，通过不断地巡护领地，赶走企图入侵的其他雄性，来保证大家的安全。因为雄性猫科动物有臭名昭著的杀婴行为，即一只雄性如果占领了其他雄性的领地，一般会杀死领地内原有的小崽，以求雌性尽快发情。

雪豹一般在冬季 1 ~ 3 月发情，交配持续 3 ~ 6 天。三个月孕期之后，雪豹妈妈于 4 ~ 6 月产崽，通常每次产下 2 ~ 3 只小崽。雪豹妈妈会在极其隐蔽的岩洞里，用岩羊（学名 *Pseudois nayaur*）毛和自己掉落的毛铺好温暖的窝。

雪豹妈妈生下幼崽后，会一直把它们抚养到两岁左右，直到生下一窝小崽之前，才会赶走已成年的孩子。半岁左右的小豹子会随着妈妈巡逻领地，亦步亦趋地学习生存技巧。

大家曾多次在红外相机里和雪地上见到小雪豹的踪迹，有时还会看到好奇的小雪豹叼着一块岩羊毛皮作为“毛绒玩具”玩耍。幼崽一岁时已经和母亲体型相当，它们跟着母亲学习捕猎技巧，为独立生活做准备。两岁成年以后，年轻的雪豹会离家寻找新的领地。年轻的雪豹在找不到合适的领地或无力守卫领地时，也会回归家庭，与家庭成员共享一块领地。

与人类对视的小雪豹 摄影 / 斗秀加

雪豹的领地之争

大型猫科动物，除狮子外，都是独行侠。它们的社会关系不像群居动物那样和谐互助，若用人类的词汇来表述，则类似于战乱时代的群雄割据。无论雌雄，有优势的个体会占据最佳领地，并在领地内不断地刨坑，留下尿液、粪便等标记。

在猎物种群稳定且均匀分布的情况下，猫科动物成年同性之间的领地一般重合不大。一旦遇见，那就是你死我活的主权之争。但在猎物非常充足的“热点区域”，也会出现很多只个体共同享用的情况。估计这种膏腴之地，任谁都想独占，但要想达到这个目的，需要付出高昂的代价，所以相互容忍、共同利用才是最好的选择。异性个体之间的领地会有很大的重叠，领地重叠的雌雄个体则是潜在的配偶。一般雄性领域较大，会与多个雌性领域重叠，雄性处处留情，为的是留下后代。雄性对于自己领地的巡逻与守护，也保证了自己后代的安全，算是间接地承担了爸爸的责任。

一旦领地易主，或是像母豹玛娜娜那样，生活在两只雄性的交界地带，雄性为了确保自身基因的传播，往往会杀死身份不明的幼崽，迫使雌性在最短时间内与自己交配。前面提到的没有吃上美食的母子三口，可能就是这两种情况之一，为了自己孩子的安全，母雪豹见到公雪豹，毅然决定放弃美食，带着幼崽迅速藏匿。

在蒙古国的南部戈壁，瑞典人奥里昂·约翰逊（Örjan Johansson）花了6年时间，通过对16只雪豹的全球定位系统（Global Positioning System，GPS）颈圈数据进行分析，得出了到2016年为止最为翔实可靠的雪豹领地行为数据[①]。

这项研究印证了此前的诸多推测：同性雪豹之间的领地感非常强，除了核心利用区域，在其他地区重叠性很小，而且它们会尽量利用标记行为留下信息，避免短兵相接；而异性雪豹之间，公雪豹的领地嵌套着几只母雪豹的家域，大家一起繁殖后代。GPS颈圈研究还显示雄性雪豹的平均家域为207平方千米，雌性则为124平方千米，一只年轻的母雪豹与母亲的领地大部分重叠。奥里昂推测，家庭成员内部的领地重叠，主要是为了领地的继承。各地雪豹的家域大小在几十平方千米到几百平方千米，这取决于各地猎物的密度和其他的生存条件。

雪豹的世界里经常会发生这样的故事：一只公雪豹占据一块优质栖息地并一直兢兢业业地守护，隔壁的一只公雪豹却忽然闯入其中，并占领了一半领地。一个月后，原先的公雪豹身亡，新来的公雪豹便占据了全部领地。这样的故事不禁让人唏嘘。那只身亡的公

---

① Johansson，örjan，et al.Land sharing is essential for snow leopard conservation[J] .Biological Conservation，2016（203）.

雪豹遭遇了什么？是英雄迟暮，还是感染疾病？它领地里的幼崽们会有怎样的命运？这些问题都会引发大家无限猜测和遐想。

在《花豹女王》中，17 岁高龄的玛娜娜再也无法阻止入侵者，而是忍气吞声地任由其他母豹在其眼前撒尿、标记领地。它再也不是当年强壮的猎食者，只能从斑鬣狗口中偷食，或是捕捉小型猎物巨蜥（学名 *Varanus*）等维持生活。

不同生存环境中的雪豹

在天山山脉的高山峡谷，荒野新疆的发起者和负责人邢睿发现了雪豹社会的更多秘密。从低处到高处，峡谷中的猎物逐渐增多，积雪逐渐变浅，人为干扰逐渐降低，也就是说，雪豹栖息地质量递次变优。通过布设在峡谷中的红外相机发现：不同海拔段的雪豹，因生存环境的不同，其命运也截然不同。

荒野新疆团队　供图 / 荒野新疆

荒野新疆野外巡护小分队　供图 / 荒野新疆

天山的雪豹　供图／荒野新疆

峡谷最高处的优质栖息地，几年来一直被一只公雪豹“冰冰”占据，冰冰的领地内，生活着三只母雪豹，三年来产下九只幼崽。往下的中间地带被公雪豹“五月”占据，其领地内也生活着几只母雪豹，但这几只母雪豹的生育能力远不及冰冰的妻妾，幼崽数量只有两只。峡谷最低处的低海拔区域积雪最深、猎物最少，人类干扰又最大，这里是年轻公雪豹的聚集地，繁殖率也最低。

在三江源通天河的上游，一个在当地被称为岩羊谷的地方，肖凌云也发现了类似的情景。岩羊谷不但猎物充足，而且怪石嶙峋，给雪豹捕猎提供了绝佳的隐蔽场所。这片地区被一只强壮的公雪豹占据，其地位非常稳固，除了偶尔游荡的公雪豹经过此地外，并无其他纷争。而在岩羊谷的北边，是山地与平原接壤的地区，狼群与人类的干扰都比较大，雪豹的生活颠沛流离，举家搬迁的情况时有发生，被小组撞见而搬家的那窝幼崽就生活在此处。

被跟踪的另一只雪豹妈妈的儿子成年后，开始到处游荡，伺机建立新领地。然而游荡了一大圈却四处碰壁，只能回到家乡。它也曾去岩羊谷试了试运气，但很快落荒而逃，最终只能在母亲的小小领地内讨生活，以待时机。

江湖争食

雪豹一般每七天捕食一次。作为典型的“喵星人”，雪豹吃食相当精细，它们常从猎物柔软的腹部开始吃，慢条斯理吃个三天三夜，但仍然剩下很多。这个漫长的过程，往往吸引来很多腐食动物：赤狐（学名 *Vulpes vulpes*）、藏狐（学名 *Vulpes ferrilata*）、高山兀鹫（学名 *Gyps himalayensis*）、胡兀鹫（学名 *Gypaetus barbatus*）……这些都是雪豹捕到猎物后的常客。

同为捕食者的狼和棕熊，遇上这种免费的午餐，当然也要趁机捞上一把。狼打群架，棕熊体形硕大，要赶走单打独斗的雪豹，简直轻而易举。

藏狐

食肉目，犬科，狐属。生活在海拔2000~5200米的高山草甸、高山草原等半干旱干旱地区，食物主要是鼠兔和啮齿类动物。

藏狐为昼行性动物，在早晨和傍晚比较活跃，通常情况下独居，但在繁殖期，也能见到一对或者带着幼崽的家庭群。

认识新朋友
MEET NEW FRIENDS

赤狐

食肉目，犬科，狐属。几乎广布全国，适应各种栖息地，从荒漠到森林再到大都市城区，赤狐喜欢开阔地和植被交错的灌木生境。赤狐食谱广泛，小型哺乳类、鸡形目鸟类、蛇类、昆虫和浆果等，均可作为食物。赤狐主要在夜间行动，但在白天也可观察到。

而藏区近年来出现越来越多成群的流浪狗，它们虽是街头混混型的角色，但也能把雪豹打得落荒而逃，使其被迫放弃刚刚到手的猎物[①]。

非洲的猎豹（学名 *Acinonyx jubatus*）和豹可以把猎物藏到树上，但雪豹的栖息地内往往没有树。红外相机拍摄到的雪豹会将猎物拖到岩石附近，却依然逃不开偷食者的追踪。更多情况下，雪豹直接把猎物留在猎杀现场。

雪豹在动物园里的寿命可长达 21 年，但野外记录里最老的个体才 11 岁。

相比豹女王玛娜娜的一生，我们对雪豹的隐秘世界还知之甚少。用镜头在雪山之巅追踪雪豹，其难度远大于在非洲草原上追踪动物。

不管是爱好者、观察者还是研究者，盼望在不久的将来，能用更多的案例与数据勾画出雪豹生命史的完整图景。人类只有在更加了解雪豹之后，才能更好地去保护它们，从而更好地和它们和谐相处。

---

① 青海省雪境生态宣传教育与研究中心 2014 年起持续关注并调研藏区流浪狗问题，在 2017 年推出纪录片《背弃藏獒》，试图唤醒更多人关注和改善藏区的流浪狗问题。想进一步了解藏区流浪狗和人兽冲突问题，可关注 GangriNeichog 雪境微信公众号（ID：GangriNeichog）。

红外相机拍到的雪豹 供图／原上草自然保护中心

本文原创者

肖凌云

西交利物浦大学环境与健康学院助理教授，北京大学动物学博士、博士后。自2011年开始在青藏高原开展雪豹相关研究，与山水自然保护中心合作建立了三江源区域的红外相机社区雪豹监测网络，针对不同片区提出了相应保护策略。目前主要研究雪豹所处生态系统内各物种（包括当地人）之间的关系、青藏高原有蹄类生态位和生态功能、草场政策作用和与野生动物贸易相关课题。肖凌云博士联合全国雪豹研究与保护机构主笔撰写的《中国雪豹调查与保护现状2018》第一次对我国雪豹种群调查和保护的已有工作进行了较为全面的总结，后改写为《守护雪山之王：中国雪豹调查与保护现状》一书出版发行。

邢睿

荒野新疆的发起者和负责人，追兽组组长，自2014年起在新疆天山监测雪豹。

冬给措纳湖仍未解冻，
清澈的湖面覆盖着冰层，
牦牛群小心地路过这里。
黑颈鹤、赤麻鸭和斑头雁，
在不远处的温泉周围，
等待着春天的复苏。
这里人迹罕至，
雪豹们潜伏在大自然的色彩中，
它们的足迹被一年又一年的积雪消融。
每当春风拂面，
它们会将珍贵的线索，
留给流连在阿尼玛卿雪山附近，
好奇的、陌生的访客。

02 ECOLOGICAL CODE IN SNOW LEOPARD FECES

雪豹粪便中的生态密码

2020 年 4 月，大多数人都宅在家的时候，北京大学生命科学学院的博士李雪阳与山水自然保护中心[①]和原上草自然保护中心[②]的工作人员组成采样小组，到阿尼玛卿雪山进行雪豹粪便采样。

在高原“捡屎”

在 4600 米的山坡上，李雪阳气喘吁吁，望着对面烟灰色的嶙峋山石，幻想着会有一只雪豹悄然蹲伏其中。这里对人类来说可能不是最宜居的地方，却是雪豹最重要的家园。

雪豹是出了名的行踪诡秘，在野外见到它们实在需要运气的加持。红外相机拍摄和痕迹调查，是目前了解雪豹的两大“利器”。其中，雪豹粪便是最重要的一种痕迹，相比在固定点上工作的红外相机，走样线“捡屎”更加灵活，能在短时间内快速覆盖大片区域。此外，粪便本身包含了丰富的信息，比如雪豹吃什么，以及不同粪便的主人之间是否有血缘关系，等等。

---

① 山水自然保护中心于 2007 年在北京注册成立，从事物种和生态系统的保护，致力于解决人与自然和谐共生的问题。山水自然保护中心既关注西部山区的雪豹、大熊猫（学名 *Ailuropoda melanoleuca*）、金丝猴，也关注身边的大自然。机构依靠当地社区的保护实践和基于公民科学的行动，示范保护方案，提炼保护的知识和经验，促进生态公平。

② 原上草自然保护中心于 2016 年在青海注册成立，致力于在科学研究和地方传统文化的基础上，与各方合作伙伴一起，充分考虑当地人的需求，选择可持续性的方法保护青藏高原生物多样性和文化多元性。

雪豹痕迹调查

通常调查雪豹留下的
足迹（pug mark/ footprint）
刨痕（scrape）
粪坨（feces）
气味标记（scent spray）
毛发（hair/fur）
爪痕（claw rake）[1]

样线法

在调查区域内选定一条路线记录一定空间范围内出现的物种信息。

红外相机

就像其他相机一样，红外相机迭代也很快，技术越来越成熟，价格也越来越便宜，通常 1 台红外相机的价格在 3000 元以下。

如果做雪豹种群研究，有两种模式布置红外相机：一种是按照网格的形式，比如按 5km×5km 或者 4km×4km 等网格布置；另一种是按照距离布置，比如每隔 2km 或是 3km 安置一台。

若是拍摄的影像资料作为雪豹行为学研究或者作为公众传播资料，为了获得高质量、更清晰的图像，会在雪豹出现密度较高的地方，比如雪豹窝附近多放几台。通常每隔 2~3 个月收回一次相机内的资料，这主要取决于相机电池待机时间、存储卡大小等因素。

注：资料来自对山水自然保护中心保护主任赵翔的访谈。

回收红外相机　供图 / 山水自然保护中心

① 马鸣，Munkhtsog B.，徐峰，等 . 新疆雪豹调查中的痕迹分析 [J]. 动物学杂志，2005，40（4）：34–39.

三江源风景

三江源风景——昂赛大峡谷

摄影\徐思

根据现有调查结果来看，三江源地区主要有 7 块雪豹核心栖息地，[①] 最大的 3 块分别是玉树—杂多—囊谦的连片栖息地、阿尼玛卿神山区（兴海—玛沁）和年保玉则神山区（久治—班玛），李雪阳和同伴们的目标就是要捡遍这三大区域的雪豹粪便！这样就可以了解三江源各个雪豹种群的现状与遗传结构：哪些种群可能承担着延续整片区域雪豹健康发展的重任；不同区域的雪豹是否能够相互“串门”；哪些种群间的基因交流可能存在阻碍；什么因素影响了雪豹的迁徙与交流……这些信息能够帮助雪豹保护者们更好地规划整片区域的雪豹保护工作。

自 2009 年以来，研究人员虽然已经收集了许多粪便样品，但多数样品都集中在玉树—杂多—囊谦的连片栖息地，对年保玉则和阿尼玛卿两大片区的种群进行样品补充是必不可少的。阿尼玛卿片区地处三江源北缘，很可能成为三江源雪豹种群与祁连山雪豹种群的基因交流之地。如果把整个三江源雪豹种群的遗传结构比作一幅巨大而繁复的拼图，那么阿尼玛卿片区的雪豹粪便样品则是至关重要的一环，研究它们，不仅便于接下来展开对该地区的深度调查，还有助于了解三江源雪豹种群与周边种群的连通性及可能的阻碍因素。

---

① 三江源地区雪豹核心栖息地由西向东主要分布在：唐古拉山乡的两块区域、澜沧江源头杂多县与治多县交界处的一块、治多县索加乡、玉树—杂多—囊谦的连片栖息地、阿尼玛卿神山区（兴海—玛沁）和年保玉则神山区（久治—班玛）。肖凌云，程琛，万华伟等. 三江源地区雪豹保护优先区规划 [J]. 生物多样性，2019，27（9）：943.

这次采样开始于果洛藏族自治州西北部的冬给措纳湖。冬给措纳湖位于花石峡镇，而在三江源国家公园黄河源区第一次记录到雪豹，就是在花石峡。虽然已是 4 月中旬，但冬给措纳湖仍未解冻。广袤的湖面覆盖着厚厚的冰层，还有牦牛在冰上走着。沿湖向东驱车，有一处消融的湖水，原上草自然保护中心的创办人阿旺久美老师说："这一处是温泉，所以早早就化开了。"而仅在这方寸之处，已有黑颈鹤（学名 *Grus nigricollis*）、赤麻鸭（学名 *Tadorna ferruginea*）、斑头雁（学名 *Anser indicus*）、绿头鸭（学名 *Anas platyrhynchos*）等水鸟畅游其中。

冬给措纳湖是观察动物的绝妙之处，在这里，藏野驴（学名 *Equus kiang*）、藏原羚（学名 *Procapra picticaudata*）等平原有蹄类动物就在路边啃食刚刚返青的草地，偶尔有警惕的藏狐张望着采样小组的车路过。甚至在去花石峡镇的路上，他们还邂逅了十余头狼，这也是李雪阳第一次在野外见到这种规模的狼群。

冰封的冬给措纳湖　摄影 / 李雪阳

黑颈鹤

鹤形目，鹤科，鹤属。

全球有15种鹤类，黑颈鹤是唯一被誉为在地球第三极的青藏高原栖息和繁衍的鹤类，是高原湿地生态系统健康与否的重要指示物种。

黑颈鹤已被列入国家一级重点保护野生动物；2012年，被世界自然保护联盟（International Union for Conservation of Nature，IUCN）列入濒危物种红色名录。作为三江源湿地生态系统的旗舰物种，黑颈鹤在自然科学和传统文化上都有着特殊的保护价值和地位。

赤麻鸭

雁形目，鸭科，麻鸭属。体形比家鸭稍大，栖息于开阔草原、农田、湖泊等环境，以水生植物的芽、叶、昆虫、甲壳动物等为食。

斑头雁

雁形目，鸭科，雁属。一种高原鸟类，广泛分布于亚欧大陆、北美洲、非洲北部等地，在亚洲主要分布在青藏高原、南亚次大陆等地。斑头雁被美国国家地理网誉为『世界上飞得最高的鸟类』，它可以在不借助外力的情况下仅用8小时飞越喜马拉雅山脉，飞行高度最高可达8000米以上。在我国，青海省是斑头雁分布范围最广、数量最多的地区之一。

兔狲

食肉目，猫科，兔狲属。国家二级保护动物。

栖息于荒漠、草原等地区，主要以鼠类为食。体形大小类似家猫。兔狲皮毛厚重，保护其在冰天雪地的环境中不被冻伤。在冬天，兔狲的皮毛会变得更灰，夏天则为橙褐色。

狼

食肉目，犬科，犬属。国家二级保护动物。

主要以中小型哺乳动物为食。多于夜间活动，嗅觉、听觉敏锐。通常群体行动。

藏野驴

奇蹄目，马科，马属。国家一级保护动物。

有着不逊于马的体型和更出色的高原适应力，栖居于海拔 3600～5400 米的地带，群居生活，喜欢吃茅草、苔草，主要分布在中国青海玉树等地。

藏原羚

青藏高原特有的一种羚羊。国家二级保护动物。

常三五成群地散布在草原上、公路旁。心形的臀斑是标志性特征。藏原羚只有雄性个体有角，喜欢食双子叶和莎草科植物。雌性藏原羚通常在海拔较高的地带活动，每年秋季，它们会从高处下来与雄性混群。交配季节是在 12 月，幼崽通常在第二年的七八月出生。

摄影 / 雷波

环湖的草山较为低矮，向上攀爬不到 100 米就能到达雪豹偏爱的大石头。山上是山地有蹄类的天堂，在爬山寻找雪豹痕迹的途中，他们也看到了很多岩羊的粪便。同行的德乾卓玛也是入职原上草自然保护中心后第一次来冬给措纳湖，在山上寻找粪便样品的时候，她也会检查几个月前布设的红外相机，往往都能看到雪豹的数次到访。冬给措纳湖的北缘与都兰相接，阿旺久美老师说，北部山里有时还能看到盘羊（学名 *Ovis ammon*）。

这次，他们自然也收获颇多，有些样品简直就是雪豹粪便的教科书模板——念珠状圆形粪便，里面包含很多的毛发，还有雪豹粪便中特有的柽柳树枝。

野外采集的粪便样品 供图 / 李雪阳

冬给措纳湖的采样持续了四天后，他们继续向南进发。两边的山开始变得高耸陡峭，山上的雪也越来越多，这就到了地处阿尼玛卿山脉的下大武乡。这边山地海拔落差大，雪豹栖息地不像冬给措纳湖周边那样易于到达，有的地方需要在山沟里先徒步 1000 米，再向上攀爬近 300 米才能到达，加上山上尚存的冰雪，攀爬起来的难度可想而知。一路上，他们遇到了车陷进雪泥、路被厚厚的冰雪覆盖难以通行甚至前方直接塌陷断路的状况。不过，这些困难都无法阻挡这片区域的美好。

阿尼玛卿冰川　摄影 / 李雪阳

采样途中，李雪阳还观摩了两次煨桑（祭拜神山的仪式）。信众在神山脚下点燃松柏枝，抛撒桑面，敬献青稞酒，扬起漫天的龙达。这片区域特有的山脉孕育了独有的文化，野生动物和它们的栖息地与当地人共生共存。

原上草自然保护中心常年在这边开展冰川、河流与马麝的监测，阿旺久美老师说，他们几乎爬遍了这里所有的雪豹栖息地。

在阿尼玛卿采样的前几天天气尚可，偶尔的降雪虽然不影响上山，但是再向南到雪山乡开展工作时，便开始接连不断地落雪，难以想象这已是 4 月中旬的天气。雪山乡和东倾沟乡都有稀疏的柏树林，这里又是一片不同的雪豹栖息地，虽然还想进一步探索，但是已经落满雪的山坡以及随之而来的密集降雪已经不允许人们再冒险上山了。

出发前，李雪阳还兴冲冲地和师姐讨论直播爬山找样品的想法，事实证明这个想法实在单纯：一是天气状况不稳定且很多地方没有信号；二是大概 2/3 的时间都在手脚并用、“面目狰狞”地爬山。与之形成鲜明对比的就是在岩石间如履平地的白玛文次。白玛文次是山水自然保护中心的野外助理，一位出生在玉树州结古镇的棒小伙，从 2018 年开始采样，他现在已经熟练地掌握了采样流程和数据记录方法，李雪阳在他身上看到了无数可能性。

采样中的白玛　供图 / 李雪阳

当地人有着更好的体力，对于自己所居住的大山了解更多，也更清楚雪豹会在哪里生活。借助当地人的力量，像李雪阳一样的研究人员可以到达更多的雪豹栖息地。虽然天气这种不可抗因素大大干扰了采样计划，却也催生出了更多新的可能。

采样小组开始尝试请牧民伙伴自主采样。采集一份样品，需要采样人做好自我防护、根据样品情况选择保存方式、防止样品交叉污染、对采样地点等信息进行详细记录……整个过程需要十余个步骤。除此之外，多数记录 GPS 的软件是汉文的，牧民使用起来可能不大方便。经过培训，原上草自然保护中心的华青大哥已经掌握了样品采集的步骤和流程，并对样品处理步骤和数据记录方法做了进一步的精简。天气放晴后，雪山乡和东倾沟乡的采样任务，就是由华青大哥带着三位牧民进行的。

采样团队合影 供图 / 李雪阳

最终，采样小组一共收获了 213 份样品，其中有 48 份是华青大哥独立带领牧民采集的。随着微信上一张张样品照片与信息截图被传回，再到样品成功运抵实验室，这一次尝试取得了远超预期的成功，也为未来继续这种模式提供了参考。

和之前数次采样一样，虽然总是伴随着爬山的疲累、整理样品的烦琐和各种难以预料的突发事件，但是，看着一管管收集好的样品，大家很有成就感。

李雪阳回到北京大学之后，就和同门钻进实验室对这些粪便样品进行分析。最终有159份样品鉴定成功，包括藏狐8份、赤狐34份、狼48份、猞猁（学名 *Felis lynx*）5份、兔狲14份，还有最重要的雪豹样品50份！在整理这一管管雪豹样品时，李雪阳回忆起了她与山水、原上草的采样小组成员们爬过的每一座山。那样嶙峋陡峭的山脊，可能就在不久前的某一天有一只雪豹缓步走过，消失在阿尼玛卿皑皑白雪与低垂的云朵之间。而他们所做的一切，都是为了能让这些雪山精灵走得更稳、更远，让这样美丽的生灵能与这片迷人的土地永久相伴。

雪豹

雪豹粪便里的秘密

在体检的时候，医生一般会让我们采自己的粪便去做检查。那么，跨越万水千山、排除一切困难地寻找雪豹的便便，究竟为哪般呢？

程琛自2014年以来持续关注雪豹保护和生物多样性保护。她经常自我调侃：日常工作就是捡便便、整理便便和分析便便。出得野外捡便便，进得实验室分析便便。

雪豹的粪便里有很多食物的残留物，比如猎物的毛发、骨头、牙齿和指甲等。从这些残留物中可以推测出它吃了什么。举个例子：程琛经常会把粪便里的毛发专门找出来，如果把它们放在显微镜或电镜下看，它们的表面会呈现不同形状的鳞片。

雪豹的粪便 供图／程琛

有时会在雪豹的粪便里发现一截一截的红色树枝，经过鉴定得知是一种红柳科灌木，所以进一步推断雪豹有时候会吃素。

此外，粪便里还会有一些激素类代谢产物。现

雪豹为什么会吃植物？

可能像人类吃纤维素、吃蔬菜一样，能促进肠道蠕动，防止便秘；也可能植物里含有帮助它消化的微量元素。三江源地区的很多藏族同胞熟悉雪豹有吃灌木的习惯，在一些地方有雪豹一年吃肉、一年吃素的传说。

在比较流行的一个研究，是把动物园里的圈养动物或野生动物的粪便收集回来，检测里面的糖皮质激素代谢产物（Fecal Glucocorticoid Metabolites，FGM）。

糖皮质激素指标值的高低与动物面临的压力大小有关，如果动物长期处于高压状态，比如食物很少、总是饥饿、生活的地方有大量施工等，都会成为干扰因素，粪便里检测出的糖皮质激素就会比较多。现在经常通过这种方法来分析一个地方的野生动物是不是有生存压力，对它的保护是不是迫在眉睫。

粪便里还有一个重要的物质——脱氧核糖核酸（Deoxyribo Nucleic Acid，DNA），通常包括三类：一是粪便在经过动物肠道时会从肠道内壁上刮下一些细胞，这些细胞里含有动物的 DNA；二是动物吃的动植物的 DNA；三是肠道微生物的 DNA，此类 DNA 既能反映雪豹的健康状况，也能间接反映雪豹吃了什么。

从雪豹的粪便里提出的 DNA 可以告诉我们：它是不是雪豹，它是哪一只雪豹，它是公的还是母的。大家都知道，哺乳动物的性染色体分为 X、Y 两种，通过 X 和 Y 染色体上相应的 DNA 片段可以判断哺乳动物的性别。

总之，从雪豹的粪便里可以获取很多有用的信息。那么，在哪里可以发现雪豹的粪便呢？首先要寻找雪豹典型的生活环境山脊或垂直于地面的大石头，这里都是雪豹常出没的地方，山谷里也能觅到雪豹的踪迹。然后要寻找雪豹的痕迹，比如尿迹、脚印和刨坑，在刨坑附近常常能发现雪豹的粪便。刨坑是雪豹的标记方式之一，雪豹会蹲坐在地上，用两只后爪非常规律地刨出一个能看出两个脚丫形状的坑来。

发现粪便之后，就要进行采集了。因为粪便从表面到里面都带着 DNA，所以为了防止粪便上的 DNA 沾染上其他 DNA，影响个体识别或物种鉴定的结果，采集时会用一次性的手套，采集每个样品要戴不同的手套。把分装后的粪便带回实验室后，再对它们进行 DNA 提取和研究。

红外相机拍到的雪豹 供图 / 原上草自然保护中心

用一次性手套采集样品 供图／程琛

雪豹刨的坑 供图／程琛

可以说每捡到一颗硕大的雪豹粪便，都会令“捡屎官”们欣喜若狂、迫不及待，而每颗雪豹粪便的背后也都藏着这只雪豹乃至整个物种独特又复杂的生态密码。

雪豹的典型生活环境 供图／程琛

本文原创者

李雪阳

北京大学生命科学学院动物学博士，常年在青藏高原追逐雪豹和金钱豹，距离毕业还差一次金钱豹目击。

程琛

北京大学自然保护与社会发展中心博士后，山水自然保护中心自然观察项目主任，自 2014 年以来持续关注雪豹保护和生物多样性保护。正在努力的方向包括从种群遗传学研究、雪豹保护网络和新技术应用等方面，助力中国雪豹保护，以及从数据决策和政策倡导等方面，推动中国的生物多样性保护。

如果自然有馈赠，
一定要送给自己。
数不清的猎物正看着你，
它们发现了你半睁半闭的眼睛，
可谁知道会发生什么呢？

你会突然弹出来吧，
选中的盲盒。
失去了所有色彩，
扩散的瞳孔，
最后一次对尽头，
表达渺茫的问候。

世界会平衡生命的数量，
活着的会被另一种方式带走；
而死去的，
终将从时间的旋转门中，
再次降临。

HOW RICH IS THE MENU OF SNOW LEOPARDS 03

雪豹的餐单有多丰富

你知道吗？猫和雪豹是同一个祖先，3000 万年前它们可是相亲相爱的一家人呢。现如今的猫咪和雪豹的生活境遇已大不相同了。猫咪一旦成了人们的宠物，得到的便是人们的百般呵护。光说吃这一项，是鲜肉五谷，还是海洋配方或者三文鱼？主人们在众多品种的猫粮面前纠结不已。然而雪豹都吃些什么呢？很少有人能回答出这个问题。

从 2009 年开始，经过山水自然保护中心“铲屎官”们的努力，从近 1800 个“屎团”中提取雪豹 DNA 进行物种及食性鉴定，结合了大量的文献综述，终于大概知道了雪豹的饮食喜好，这为了解雪豹并进一步保护它们提供了非常实用的依据。

雪豹还吃素？

雪豹虽不如家养猫咪那般可以不劳而获地得到丰富的饮食，但它的日常食谱也很丰富，主食、配菜、佳肴和点心样样俱全。

提到雪豹的饮食，99% 的人第一反应一定是——肉。没错，雪豹的主食就是肉！但是肉的种类很多，雪豹最喜欢食用哪几种动物的肉？而它们喜欢吃的肉，可以从雪豹最常捕食的动物看出来。

这些动物是岩羊、北山羊（学名 *Capra sibirica*）和喜马拉雅旱獭（学名 *Marmota himalayana*）。根据这些动物种类的分布不同，青藏高原及其周边地区的雪豹以岩羊为主，天山地区则以北山羊为主。

旱獭以其群聚数量多、行动缓慢极易捕捉，且肉质鲜嫩、肥美多汁，获得了雪豹的青睐，成功挤入雪豹的主食名单。唯一美中不足的是，旱獭有冬眠的习性，因此准确地说，旱獭属于雪豹的“春夏秋特供”（4 ~ 10月），伴随着冬天的到来，雪豹们只好流着口水等待着第二年春天的来临了。①

摄影／彭建生

① 刘楚光，郑生武，任军让．雪豹的食性与食源调查研究[J]．陕西师范大学学报（自然科学版），2003（31）；李娟．青藏高原三江源地区雪豹（Panthera uncia）的生态学研究及保护[D]．北京：北京大学，2012.

岩羊

偶蹄目，牛科，岩羊属。主要分布于青藏高原及周边地区，栖息在海拔2100～6300米的高山裸岩地带，有较强的耐寒性。形态兼具绵羊和山羊的特征。食物主要为蒿草、苔草、针茅等高山荒漠植物和杜鹃、绣线菊、金露梅等灌木的枝叶。岩羊是雪豹在青藏高原地区的主要食物来源。

北山羊

偶蹄目，牛科，山羊属。又名悬羊、野山羊，栖息于海拔3500～6000米的高原裸岩和山腰碎石嶙峋地带，擅长攀登和跳跃。在中国分布于新疆和甘肃西北部、内蒙古西北部等地。以各种杂草类为食，多在晨昏觅食，喜欢成群活动。

绘图 / 刘秦樾

介绍完主食，再来看看配菜。配菜指的是雪豹也喜欢吃，但吃的频率没有主食那么高的食物，主要包括鹿类（学名 *Cervus*）、藏鼠兔（学名 *Ochotona thibetana*）、鼠类和鸟类。其中鹿一般指白唇鹿（学名 *Cervus albirostris*）和马鹿（学名 *Cervus canadensis*）。但鹿类是大型有蹄类，雪豹不易捕杀，大部分时间只能捕捉老弱病残换换口味。其他几类配菜出现概率不大，它们在雪豹的食谱中也许和我们的路边盒饭一样，随时随地都有供应，但因口味平平，只能作为饥肠辘辘、饥不择食时的选择。

白唇鹿

偶蹄目，鹿科，鹿属。为高原鹿种，体形大而粗壮，因唇边具有白斑而得名，主要分布于青藏高原东部边缘，栖息于针叶林、山柳灌丛与高山草甸，喜欢开阔的栖息地。白唇鹿是典型的结群社会型鹿类，常结小群，也能季节性地见到200～300只的大群。

绘图 / 刘秦樾

除此之外，在冬日寒风凛冽白雪皑皑食物匮乏的时候，饥饿难耐的雪豹也不忘展现自己王者的“霸道”，直接冲到山下的邻居——牧民家抢几只牦牛、绵羊和山羊吃，但总体来说它们还是尽量地避免和人类发生冲突的。

佳肴主要是盘羊和马麝（学名 *Moschus chrysogaster*）。这两种动物数量相对较稀少，且体格强壮不易接近。但为了美味哪里还顾得了那么多，只要遇上还是要试一试的，谁家过年不吃顿饺子呢？

最后一类是点心。也许大家想不到，雪豹也是吃素的！近些年，在雪豹粪便中检测到了相当数量的柽柳科植物的残骸，但雪豹为什么吃植物还有待研究。

研究雪豹吃什么，可以帮助雪豹研究者和保护者们解答很多问题。未来，“铲屎官”们还会在更多区域，通过更多的粪便样本来研究雪豹及它的邻居们，如豹、狼、赤狐等食肉动物吃什么，以及雪豹与邻居们的空间关系等，以便更多地了解雪豹及其野生食肉类邻居们的隐秘生活。

认识
新朋友
MEET NEW FRIENDS
藏鼠兔
鼠兔科，鼠兔属。主要栖息于高海拔的林区、灌木，昼夜活动、行动敏捷。

摄影 / 左凌仁

马麝
偶蹄目，麝科，麝属。分布在中国、尼泊尔、印度和不丹。马麝在我国集中分布在青藏高原东部。由于栖息地破坏和人类长期猎杀获取麝香，马麝的数量急剧下降，在 2002 年被列为国家一级保护动物，在 2008 年被世界自然保护联盟列为濒危物种。但目前国内马麝的野外研究极少，保护行动更是由于缺乏信息而难以开展。

摄影 / 董磊

雪豹和牧民和平相处

2014 年，荒野新疆团队刚开始在南山做雪豹调查的时候，很少能从牧民那里访问到雪豹的行踪。志愿队问当地居民库萨因有没有见过雪豹，他说从来没有。

库萨因老人每年冬季会在他的冬窝子——二号沟放羊 3 个月，他已经快 60 岁了，在这里放羊也 30 多年了。他家就在离二号沟口距离公路很近的地方。他的回答让志愿队有些吃惊，因为布设在距离他家羊圈后面 200 米的红外相机，就经常拍摄到雪豹在夜间路过的照片。

夏牧场的家畜　供图 / 荒野新疆

东天山的北麓，有许多海拔 4000 ~ 5000 米的雪峰，针叶林带位于海拔 1700 ~ 2700 米，林带以上是高山草甸和裸岩冰川，林带以下是落叶林河谷和前山干草原。林带并不完全遮蔽山体，雪岭云杉主要生长在阴坡和湿润的河谷底部，中间夹杂着天山桦、花楸、蔷薇和圆柏，剩余则是像绿毯般的山地草原。

夏季 6 ~ 8 月，哈萨克族牧民将牛羊赶至林带阴坡的山地草原以及林带以上更高的、靠近雪线的高山草甸，这里是夏牧场，毡房是夏季的临时住所。星星点点的白色毡房升起袅袅炊烟，白色的羊群在绿色的草地上变换队形，这种图画般的美景在夏季的天山山地草原经常可见。

秋季 9 ~ 11 月，牧民的家畜主要集中在林带以下的落叶林河谷和前山干草原，这里是秋牧场。

11 月至来年 2 月，天山进入冬季。牧民赶着牲畜又朝山区进发，海拔 3200 米以下的阳坡高山草原和林带的部分河谷阳坡，夏季遗留下来的干草都可以放牧，在日照强的背风处，由圆木建造的房子就是他们的冬窝子。

3 月是绵羊产羔的季节，牧民再次将羊群赶到海拔很低的前山干草原，海拔 1000 ~ 1700 米的春牧场，在那里接生羊羔并一直等到 6 月重返夏牧场。

在天山大部分高山区，每年只有夏牧场和冬牧场有牧民定居生活，其余时间那里都保持着荒野状态。生活在此的野生动物也根据季节的变迁和牧人的活动，形成了自己的垂直迁移规律。

北山羊在夏季家畜占据主要高山草场时，选择前往山顶或冰川附近活动，也有部分北山羊停留在海拔较低、崎岖度较高的牧民冬牧场，因为那里夏季不放牧。冬季，大部分北山羊停留在广阔的高山区，与少量的家畜共享草场，少部分北山羊则生活在林带的崎岖环境，以那里的冬窝子为邻。冬季北山羊与人的距离最近，人们更容易观察到它们。

北山羊是雪豹的主要食物，雪豹的垂直迁移规律和北山羊有着高度的一致性。所以，一年之中在高山区的冬牧场周围总有雪豹来来往往，与人的距离非常近，但绝大多数时候，家畜并不是它们来这里的原因。它们小心翼翼地躲开人类的视线，只要家畜不遭受损失，牧民也很少感受到附近有神秘大猫的存在。直到有一天，情况开始发生变化，一只北山羊倒毙在库萨因家门口。

南山北山羊疫情一角　供图 / 荒野新疆

雪豹吃了牧民的羊

2015 年 10 月底，志愿队在库萨因冬窝子见到一只雌性北山羊尸体，这只北山羊好像刚刚死去，奇怪的是它就死在库萨因那栋快要倒了的土房子门口。

北山羊尸骨在野外很常见，多数是被雪豹杀死后又被其他动物分解的尸骸或者白骨，当然也不排除少量自然死亡或者摔死、病死的个体。食草动物维持一个正常的死亡率，有助于种群健康发展和平衡，这也是当地生态系统生机勃勃的一个原因。

然而，进入冬季后，志愿队又在其他几条沟里陆续见到了不少北山羊的尸体，有的像是睡着了就再没有醒来，有的就像走着走着突然倒下就再也没有起来。很多还在活动的北山羊个体也失去了应有的活力，或行动迟缓，或久卧不动。用望远镜仔细观察，唯一可见的异样就是北山羊在拉稀，它们的屁股都脏兮兮的。

冬季还没有过去，山谷里已经尸横遍野。4 个月来，仅野外勘察的有限区域，就共记录到 112 具北山羊尸体。北山羊在春季偶见病死个体，皮肤掉毛并形成硬痂，这是大家熟悉的疥螨病。而这一次却不同以往。进入二号沟两千米处踏勘，荒野新疆志愿队就记录到了 12 只新死亡个体，库萨因家房前屋后又增添了几具北山羊尸体。志愿队将情况反映给林业管理部门，一次防疫、公安、林业、科研单位的联合调查行动也随之迅速展开。

疫病检测结果并不出乎专家预料：小反刍兽疫。这是在小型偶蹄目动物中传播的一种疾病，对缺乏抗体的野生北山羊有致命的威胁，这两年在天山多个区域暴发。

无法改变的聚群天性让烈性传染更加肆虐，局部区域超过 2/3 的北山羊种群感染此疫，损失令人震惊!

北山羊数量断崖式下降，其所代表的生态位置变化势必会传导给上一级猎食者，志愿队员们估计监测区域的雪豹数量将大幅减少，以致引起个体逃离或者繁殖率降低……

然而，事实完全推翻了他们建立在简单逻辑和单项推理基础上的假设。2016—2017 年冬季，荒野新疆追兽组野外监测显示：监测区域内在册记录的 12 只成年雪豹个体中的 11 只被红外相机继续捕获，它们看上去状态稳定，而且还有 3 只母豹被记录到在繁殖！

科学地解释这个所谓“意外结果”其实也不难，根据上文提到的雪豹的食谱，就能窥见一斑：旱獭作为夏季雪豹最重要的补充食物占据了雪豹餐单的重要位置，数量庞大的旱獭种群可以帮助挨饿的雪豹渡过难关，红外相机也频繁记录到了雪豹捕猎旱獭的画面。

除了区域内红外相机的动物监测数据，长期的、持之以恒的社区调查得到的数据也清清楚楚地反映出最重要的原因：与北山羊数量的直线下降对应的是牧民家的牲畜（主要是绵羊和山羊）的损失直线上升！

面对突然的食物短缺，雪豹一边调整野外食谱——旱獭、马麝这样的食物占据餐单主导，一边冒险主动接近人类，在雨雾和夜晚的掩护下，频繁地出现在库萨因的羊群里。一直说没有见过雪豹的哈萨克族放羊老汉也惊呆了。

雪豹有了新选择

雪豹能够完美占据食物链顶端，缘于每一次劫难来临时它们都能做出最迅速最正确的行为反应。这一次，它们主动向人类“求助”！

在这里，没有任何一只成年雪豹离开自己的领地，志愿队也相信它们即使死也会死在自己的领地里。开疆拓土的重任和可能无限美好的新家园只能是留给孩子们成年离家的礼物，这也是这种美丽大猫让人着迷的另一面。

雪豹起源于青藏高原，向西沿着喜马拉雅山、喀喇昆仑山、昆仑山抵达帕米尔高原和中亚山地，再经过天山这个大廊道向北、向东继续扩散，最终占据阿尔泰山和蒙古高原。雪豹远比我们人类更早地征服和占有了这些广袤无垠的荒野，而人类在这一区域的集中活动也不过只有几十年的时间。

当牧民的家畜成为雪豹的补给后，2016 年夏季和冬季，荒野新疆的伙伴们在监测区域内就统计到超过 30 起人兽冲突事件。社区统计的结果更是惊人，仅白杨沟村损失的家畜折合人民币就超过 20 万元。

像库萨因这样的牧户，假如损失 20 只羊，相当于这个季节白忙碌一场。虽然遭受损失的牧民不至于衣食受到威胁，但教育、医疗等支出是需要用羊群的产出来支付的，而现在这种状况，给牧民家庭带来了前所未有的经济压力[①]。

库萨因曾试探地问志愿队的成员：“你们能不能把这些雪豹抓走？”志愿队员无言以对。他是多么善良可爱的老人啊，温和而隐忍。在那个冬季，他选择了搬走。

① 荒野新疆联合当地林业部门实施定点投喂，即在雪豹食物匮乏期定点向雪豹补给食物，以此降低雪豹攻击家禽的概率。

人类的救济

那个冬天，志愿队在野外做实验性投食补饲，用以评估投喂家畜对雪豹行为的适应性影响。当连续三只家羊被定点投喂后，红外相机记录到一幅惊人的画面：三只雪豹蹲坐在志愿队露营的小帐篷外。如此轻易地就获得了雪豹的信任和依赖，为了避免对雪豹产生负面影响，投喂行动就此停止。

本文原创者

李沛芸

西交利物浦大学环境与健康学院博士，曾任山水自然保护中心雪豹项目负责人。从2017年开始在三江源地区从事红外相机社区监测相关工作，目前主要对雪豹及其同域兽类进行分析研究。

荒野新疆

荒野新疆，注册名为乌鲁木齐沙区荒野公学自然保护科普中心，是由热心生态保护事业的自然爱好者组成的非政府公益组织，机构立足新疆，助力自然科普传播，助益自然爱好者重识荒野、保护荒野，成就更好自己，守护更美新疆。

没准是巧合，
大部分遇见其实都经历了千山万水。
你永远无法预料，
在命运的万花筒中，
能遇到什么。

自然告诫过你，
活着的不确定性。
就像这个清晨，
未知的困局，
正扼住自由的后脖颈。
天知道你有多么害怕，
持久的挣扎令你精疲力尽。

该下决心了，
去接受那些诚挚的挽救吧！
温柔的读心术正指引你走向合适的方向。
这并不是撂子认输，
你的眼睛终将会看到三月的光，
正透过高原的薄雾和冰凌，
护送你重新奔向，
那有山有雪的地方。

04 GO OUT AND TURN LEFT TO PICK UP A SNOW LEOPARD
出门左转就能捡到雪豹

《出门左转就能捡到雪豹》，看到这样的标题你会不会惊得下巴都要掉下来？如果说出门遛弯捡到只小猫小狗那绝不稀奇，但要说捡到一只深居简出的雪豹，就要考虑一下信息的可信度了。2021 年 3 月 11 日早上 9 点，在青海省海北州门源县西滩乡的一个寄宿制小学墙头上，还真的就发现了一只雪豹。

面对这么一只凶猛的食肉动物，当地领导们非常担心学生和居民的安全，于是尽快联系了西宁野生动物园的副园长圆掌，而圆掌也是青海野生动物救护繁育中心的副主任，对于雪豹救助非常有经验。接到消息后，圆掌立刻组织了四名专业人士，携带着转运笼、麻醉吹管、麻醉药等来到了现场。

雪豹得了脑震荡

当圆掌和队友们见到这只雪豹时，发现它的反应非常迟钝，见到人类时不像是一只凶残的豹子而是像一只温顺的猫。

大家决定还是要先对它实施麻醉，然后再对它进行身体上的检查。负责麻醉的队员经验非常丰富，他曾因 2017 年救护雪豹“凌霜公主”时徒手撸雪豹，并每天给“凌霜公主”做按摩而在业内闻名，人称“西野三德子”。他干脆利落地完成了对雪豹的麻醉。在给雪豹做麻醉的过程中，它十分配合，既没有任何的反抗，也没有选择逃跑，只是当屁股上挨了一针时才轻吼了两声。圆掌和队友们认为这种反应不正常，太不符合雪豹的习性了。他们仔细地观察着处在昏睡状态中的雪豹，发现雪豹额头上有一块红斑，很像是受了外伤。于是大家猜测这只雪豹可能是头部撞到了比较坚硬的物品上，比如农家安装的铝合金窗框或坚实的玻璃等，被撞成脑震荡，所以才会反应如此迟钝。

至于是否还有其他原因导致它有如此的反应，还需要回到青海野生动物救护繁育中心做进一步的检查才能确定。因此，圆掌和队友决定将雪豹拉回西宁对它进行进一步的观察和检查，看看它是否真的是脑震荡。如果是脑震荡，病情会不会很严重？如果真的严重，还要通过拍 CT 或是其他方式检查后才能确诊，同时还要对它进行有针对性的治疗，等等。

受伤的雪豹

给雪豹起个名字

野生动物救护繁育中心对每只被救助的雪豹都要进行信息登记，所以每只被救助的雪豹都会有自己的名字。

这只雪豹也不例外。一直关注青海野生动物救护繁育中心的人都知道，从 2017 年开始，根据救护队的约定俗成，所有被救护的雪豹都姓“凌”。这主要因为“凌”字本身就有“冰”的含义，这和雪豹生存的环境有关，另外一个意思是“升，高出”，大家都希望每只被救护的雪豹都能回归原本的生活，像从前一样凌空而过，敏捷地驰骋在广阔的大自然中。现在，队员们决定为这只雪豹取名“凌蛰”。

这个“蛰”字其实也是有讲究的。当时救护的时间是 3 月 11 日，刚刚过了“惊蛰”，名字中的第二个字，就是来自与救护时间最接近的节气。如果它是个女孩子，大家就会给她取名“凌惊”，但通过观察，这只雪豹是个男孩子，所以就叫“凌蛰”了。如此推测，前面提到的“凌霜公主”一定是在“霜降”前后和救护队相遇的。

救护团队对凌蛰进行检查

浑身是谜的凌蛰

凌蛰还处在昏迷之中时，兽医对它的四肢、肋骨都进行了简单的排查，除了额头的红斑，没有发现骨折和其他外伤。

但它反应迟钝，被许多人围观时既不逃跑也不害怕，真的是把自己撞蒙了，还是有其他的原因呢？

正常的雄性雪豹体重一般在 70~100 斤，凌蛰体重 88 斤，相当完美，正属年富力强阶段。圆掌和队友们有点纳闷：这么健康强壮的家伙，怎么跑到人类居住的城镇里来了呢？一般溜到老百姓家偷吃的家伙，大多已失去在野外与猎物拼杀的能力，所以老弱病残总要占一样的，但凌蛰除外。

通过观察，圆掌团队还注意到，除了反应迟钝外，凌蛰的运动能力还存在一些问题，它在迈步时脚底站不稳，当人们在墙头发现它时，它行走的步伐也摇摆不定。在青海野生动物救护繁育中心，血样化验结果还显示它的血钙水平非常低，雪豹个体血钙数值都在 1.62 ~ 2.22，但凌蛰的数值大概在 0.8，仅相当于最低值的一半！为什么会出现这种情况呢？难道它真的是一只身体有疾病的雪豹吗？

针对这些问题，圆掌团队和中国农业大学动物医学院的副院长金艺鹏教授团队进行了沟通，认为有以下三种可能。

第一种可能：之前猜测的脑震荡产生的影响成立，包括反应迟钝、运动能力差。第二种可能：打的麻醉药还没有完全过劲儿。第三种可能：本身血钙偏低。因为如果血钙非常低，也会引起运动能力差以及反应迟钝的问题。

于是，圆掌团队决定先观察一晚上，第二天早上看看情况有无改善再对凌蛰的身体状况做出评价。

虚惊一场

这一夜，大家都在惴惴不安中度过。

如果是麻醉因素，那么第二天早上则完全可以排除上述可能。如果仍然是如白天那般懵懵懂懂或步履蹒跚，就有可能是血钙偏低或者是严重脑震荡，那就必须要着手进一步的检查和治疗。

通过整个晚上和第二天早上的观察，结果令人大喜过望……

第一，它看到工作人员时知道害怕了，还会躲藏，躲不掉时还会有威吓和警戒乃至攻击行为，这才是一只正常的雪豹应该有的行为。第二，运动能力恢复了，走路非常稳健，还轻松地跳上了一米多高的窗台。

3 月 12 日上午，圆掌团队给凌蛰做了猫科动物六种常见病的抗原抗体检查。好消息是它身上并未携带这六种病毒的任何一种。这说明它在野外生活的环境里这些病原体存在得非常少，或者压根儿就没有；所以它也不会把野外的疾病带到动物园里。

但它体内的这六种病抗体基本上也全部是零，也就是说它对这六种病毒完全没有抵抗力！青海野生动物救护繁育中心的工作人员们竟然开始担心，它最后会不会从这儿染一身病带回去？

青海野生动物救护繁育中心现阶段还不具备高标准的隔离场所，但对于凌蛰的隔离管护，则采取了非常极端的防控措施，除了必要的救护人员和饲养人员外，其他人员一律禁止进入这个笼舍。

缺钙一般来讲不是一个特别大的问题，但很难判断是什么原因导致缺钙，有可能是暂时性的，如短时间内剧烈运动，加上应激反应；但也不排除别的可能，比如食物中毒，等等。于是，工作人员暂时采取了最保守的治疗方案，通过饮水给它补钙，只要钙能恢复到正常水平，就没事了。

渐渐恢复的野性

在凌蛰恢复正常的行动能力和精神状态后，工作人员开始给它提供食物，但是它不吃。野生雪豹在应激状态下，进食、饮水、排便都会尽可能回避人，因为它没有安全感。

它们害怕万一在吃东西的时候，被人从后面偷袭。这些情况表现在凌蛰身上，说明凌蛰应激性相对强，而且敏感，这是雪豹应有的正常反应。

关于如何喂食凌蛰，圆掌团队也是颇费了一番心思的。繁育中心的饲养员给了它一只小白兔。可为什么要给它兔子而不是别的？

这是因为青海的雪豹在野外最主要的食物是岩羊，其次是白唇鹿、旱獭、野兔等。但很显然，如果真弄到一只国家二级重点保护动物岩羊去喂凌蛰，可能第二天森林公安就会把圆掌他们“弄进去了”。再或者弄一只大公羊，万一这雪豹还在救护状态，身体不是特别好，雪豹没吃到羊，羊倒把雪豹的肚子给挑了，那也是得不偿失的。所以，这时提供一只小白兔是非常合适的选择。当然，为了防止它不爱吃小白兔，还同时为它准备了鸽子和羊肉。这待遇还真是不错呢！

可是为什么要喂活的小动物呢？想着就残忍。因为，野生动物在野外捕捉食物时，吃活食是它们的常态。有些动物刚刚救护回来后安放在圈养的环境中时，都不知道那些已经死去的食物该如何去吃。

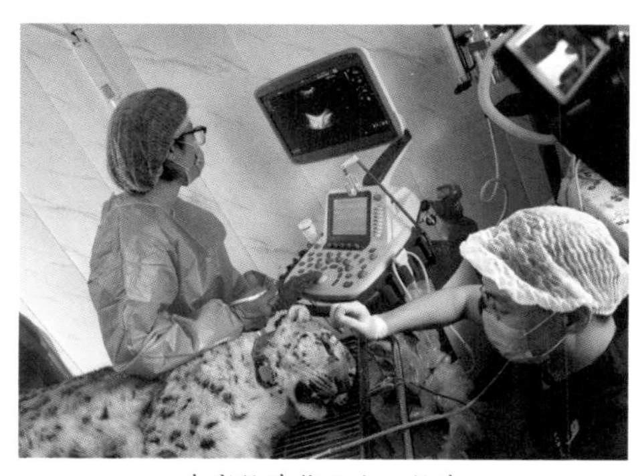

专家给凌蛰做全面检查

接下来，凌蛰一直处于这样的状态：要是发现有人偷偷看它，它就会躲在木箱子里不出来；身体伏下去之后，就没办法露面了，整个藏起来了。前面的躲箱子里还会偷偷看，后面的就不看了。反正就是我看不见你，你就看不见我；你看不见我，我就安全了。

这就是许多野生动物的思维逻辑，当它们害怕、紧张时都不敢看人，会把自己藏起来，甚至不会让人看到它们的眼睛。它们觉得看不到它的眼睛，就看不到它，注意不到它，它就安全了。

到了3月14日（第四天），圆掌团队发现凌蛰的精神状态没有一点儿问题。但这几天，它都警惕地保持着应激状态，到最后也一直没有吃兔子而只是咬死了兔子。在咬死兔子时血流到嘴里了，没忍住喝了点儿血。另外，一直到处扑棱乱飞的鸽子也被它干掉了，可能干掉鸽子的时候刚好咬着爪子了，也就顺嘴把鸽子的一只爪子给吃掉了。这对于凌蛰这只正值青壮年的豹子来说，需要多大的克制力啊！

身体健康的“棒小伙”

方方面面的状况显示，将凌蛰这家伙放归野外该提上日程了。在放归野外之前，青海野生动物救护繁育中心还是请来了中国农业大学动物医学院的副院长金艺鹏教授。中国农业大学是中国最好的兽医学校，兽医技术处在全国最前端。特别是金教授长期以来参与野生动物救护，在这方面非常有建树。

仔细挑选的凌蛰放归的地方

金教授对凌蛰进行了 21 项操作，给凌蛰进行了全方位的体检。在进行 B 超检测时，发现它所有的内脏器官特别平滑。专家说这么多年就没有见过这么漂亮的内脏，特别健康，一点问题都没有。

X 光片也没有发现骨折、断裂等。而牙齿 X 光片判断它的年龄很可能只有三岁多，是一个年轻的棒小伙。一般雪豹会在两岁左右离开妈妈独自生活，所以，它可能离开妈妈的时间不长，刚刚开始面对险恶复杂的生存环境，才会出现了这次的意外。额头的外伤已经恢复得差不多，全身没有其他的外伤，背部脂肪层相当不错，说明在野外吃得非常好。

血钙已经恢复到正常值，没有其他外在因素阻碍血钙水平的提升。它时时刻刻的警惕和吃食时的小心翼翼也说明脑震荡并未留下“后遗症”。

走向野外的凌蛰

另外，金教授还再次对六种常见病进行了检测，确认没有感染。

在麻醉期间，祁连山国家公园邀请了北京林业大学的团队以及陆桥生态中心的老师，给凌蛰戴上 GPS 项圈，以便继续对其进行观测和研究。如果放归后，它因为救护中没有发现的问题而在野外无法生存，救护中心还可以对它进行二次救护。

经过了这一系列的检查和治疗，青海野生动物救护繁育中心准备送这只豹娃子回家了。野生动物被救护的完美结局，就是把它们成功放归野外。

那片有山有雪的地方就是我的家

凌蛰的家应该在哪儿？

原来救护它的地方，往北边十几千米有一个雪豹分布区，被选择的放归地离救护它的地点直线距离大概 12 千米，但是中间没有路，只能开车绕行六七十千米。圆掌团队希望能在它原来生活的区域放归，这样它对当地的环境及食物更熟悉。比如一只非常擅长捕猎岩羊的雪豹，如果把它放归到一个只有北山羊的地方，那么它还得重新学习怎样捕捉北山羊？

放归前给凌蛰拍摄的最后一张照片，确认其精神状态很好

但放归地点的最终确定很神奇，可以说是众望所归。这块地当时不在备选方案里，但路过这里的时候，北京动物园兽医院的普院

长和圆掌在车上异口同声地说“这块地方不错呀”。这时，金教授从前面的车上走下来，也说这地方不错，而且凌蛰还吼了一嗓子，想必它已经觉得这个地方离它的家不远了。

这个地方是一处向阳的山坡，山下最低海拔3800多米，山顶海拔能达到4000米以上，这对雪豹而言是一个非常合适的海拔高度。雪豹的生存环境一般是高山裸岩和高山草甸。高山裸岩是什么？图片背景里的高山上面都是高山裸岩，就是石头块儿。下面地上看起来灰色的、一坨一坨的，是十几厘米厚的草甸层。这就是标准的雪豹生存环境。

然后是水源。这周围有很多积雪，也有成形的溪流，溪流里有冰和积雪，这都能够为雪豹们提供充足的饮用水。

相对于水源，可能食物会更加重要。在这块地里还看见了一些牦牛、岩羊的粪便和鼠兔的洞穴，说明这里有猎物在活动。后来通过与当地的管护人员进行交流，他们也说看到过这里有岩羊活动。

从周边环境看，附近没有居民区，离它最近的地方是一个林场，从林场沿着县道一直往里开车一个多小时才能到这里，一般人不会来这儿，相对比较偏僻和安静。两处大山背后相当大的一片空间都是雪豹可以掌控的区域。凌蛰的家很有可能就在这里。

回家！回家！

确定了放归地点后，车子开到了一个缓坡的谷地，圆掌团队把四辆车一字排开，有意识地让凌蛰感觉到这边有人在山路上活动，这样就会防止它向山路的方向靠近。

因为雪豹的习性决定了它不会去明显有人活动的地方，它一定会选择远离它认为不安全的地方。最后，事实也证明了它离开的方向跟圆掌团队的期望完全吻合。

驻足回眸的凌蛰

当地日出时间是 7 点 30 分，圆掌团队到达这里时正值 8 点。这时太阳出来了，但还没有绕过东南侧的山，阳光没有完全照到山谷里。当阳光刚刚洒满这片山谷时，队员们打开了笼箱，这时的时间是 8 点 40 分。

刚打开笼箱时，凌蛰还没有反应过来，依然从笼箱另一边的窗口盯着外面看，眼神里充满了警戒。直到金教授把一件衣服盖到窗口上，把它的视线挡住，它才发现背后的那扇门已为它打开。

凌蛰缓缓地从门里走出，虽然还处于非常懵懂的状态，但还是警惕地四处张望，确定周围没有危险后才转身缓慢地离开，朝着山上的方向走去。

圆掌团队在后面跟着凌蛰，观察它走路的状态是否正常，担心它会再遇到突发情况。凌蛰就这样一直在前面走了将近 1 千米，到了一个垭口，突然停下来，回头凝望了大家 4 秒钟，转身就跑了，跑回那个有山有雪的地方。

回眸一望留给我们的思考

凌蛰渐渐地消失在大家的视野中。

虽然救护人员心里都很清楚，凌蛰能够毫不留恋地离开并回归家园是最好的结果，但在它最后驻足回眸的一瞬间，还是给现场所有人都带来了深深的震撼和触动。那一刻，一些救护队员落泪了。

在短短几天的相处中，救护人员对凌蛰的照顾细致入微，单说这一次确定放归的时机，大家就做了事无巨细的安排。

3 月 15 日晚上 7 点，圆掌团队出发，送凌蛰去当初发现它的门源县。当天夜里大概 10 点，到达当地的一个管护站后，圆掌团队把凌蛰安排在了车库里，准备第二天早上再放归。

为什么要这样安排？没有选择在麻醉的当天下午用最快的速度把它直接放归，也没有在早上直接出发到目的地放归，原因是：麻药的药效一般6 ~ 8 小时才能完全消退，在彻底清醒之前就放出去，很难保证它一定能面对当地的环境。有可能放出去时间不长就遇到熊，虽然这个季节遇到熊的概率不是特别大，但也不能完全排除；另外，凌蛰也可能在麻药的作用下，深一脚、浅一脚，上蹿下跳，突然脚下一滑，又把自己摔骨折了。所以，应该尽可能让它在清醒的状态下回归自然。

那为什么要在放归的头一天先到目的地住一晚上呢？这是因为从西宁到放归地的路程超过了 4 小时。如果早上出发，凌蛰在完全清醒的情况下，在车上颠簸 4 小时以上，会持续处于高度应激的状态，身心都将受到巨大的摧残，不排除会引起一些病变的可能，甚至还会出现因狂躁而撞击车厢造成自己受伤的情况。所以，圆掌团队选择了一种比较稳妥的方式，在凌蛰晕晕乎乎的状态下走完大半的路程，然后休息一晚，在它第二天完全清醒的情况下再放归。

3 月 16 日凌晨 5 点 50 分，金教授团队再次确认凌蛰的状态，发现它已经完全清醒，对人的靠近反应比较强烈，个体状况完全符合放归的条件了。

大家经常看到一些关于雪豹的科普知识，说雪豹是夜行性动物，但这种表述并不十分准确。它们在白天、晚上都会活动，一项研究统计数据显示，雪豹的活动时间白天约占39%，夜间约占41%，晨昏时段虽然占比不高，但在这短短的时间内集中活动的频率最高。当然，这还取决于雪豹的猎物出没的时间和频率。另外，每个动物的个体情况不大一样，一些强势个体在活动时是那种“大王叫我来巡山”的感觉；这时，其他弱小动物都会躲起来，而这些弱小的个体只能被动选择自己的活跃时间。但不可否认，每只雪豹对晨昏两个时间段都非常喜欢，因此在3月16日的日出前后放归凌蛰是最好的选择。

人类与动物以及大自然的关系相辅相成，谁也离不开谁。草原、森林、天空、山峦、江河湖海……它们既属于人类，也属于动物。所以，善待动物就是善待人类自己。我们给予动物必要的道德关怀，动物是懂得的。

雪豹在回归家园时那深情的回眸，难道不能说明一切吗？

注：本文图片均由西宁野生动物园（青海野生动物救护繁育中心）提供。

本文原创者

齐新章

西宁野生动物园副园长（外号“圆掌”）

雪豹凌蛰救助主要成员之一

早晨五点多，

推开住宿地的房门，

满天的星光让她极为震撼！

这些星星离地面是那么近，

在人们的头顶上一闪一闪的，

让人感到触手可得。

而此时，

刚经过了前两天仿佛总也下不完的雨，

能在微亮的天空中看到浩瀚的星际，

真是让人不禁雀跃。

天，

放晴了！

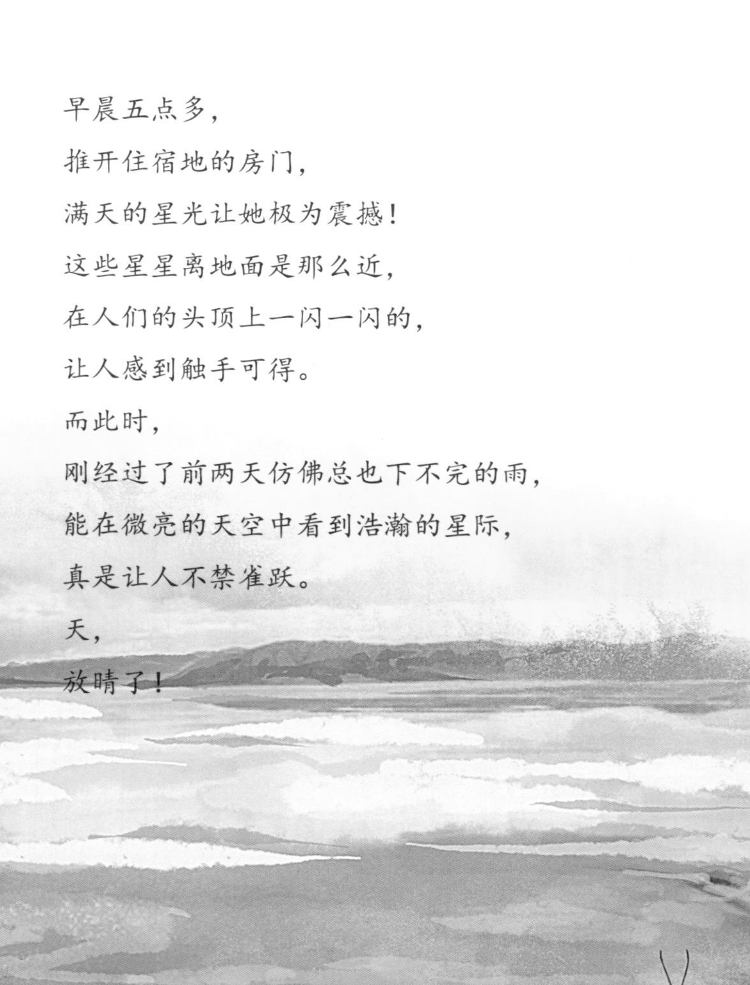

PROTECT SNOW LEOPARDS AND
THE WATER SOURCE FOR SURVIVAL

05

保护雪豹，保护赖以生存的水源地

自然文化体验之行启程

2020年8月7日，为期5天的第二届“原上草生态文化行”[①]顺利落幕。8位行者亲历了雪豹监测、水源地保护、物种监测、雪线调查等活动。行者大娟儿说：“这次生态文化行让自然文化体验有了不同的定义，阿尼玛卿山、冬给措纳湖不再是曾经认为的观光和赏玩的景区，而参与生态保护工作更不是拿来炫耀的经历。那里是黄河流域最重要的湿地之一，也是流域内物种最丰富的地区；那里是野生动物的家园，也是需要我们用行动去保护的精神家园。”

于是，充满惊喜的一天开始了。

8月5日，晨，5点多，推开住宿地的房门，满天的星光让大娟儿极为震撼。过往高挂天上的繁星离地面是那么近，在人们的头顶上一闪一闪的，让人感到触手可得。而此时，刚经过了前两天仿佛总也下不完的雨，能在微亮的天空中看到浩瀚的星河真是让人不禁雀跃。天，放晴了！

---

① “原上草生态文化行”是青海省原上草自然保护中心旨在以保护地方生态与文化为核心，通过开展生态文化行，促进地方生态保护和社区可持续发展的体验活动。参加生态文化行的行者们，将以最贴近自然和当地人生活的方式，体验神山区域的高原野生动植物及其独特的自然地貌，聆听神山圣湖的传说和当地牧民保护自然的故事。同时，也会参与生态监测和保护工作，从而推动黄河源的生态文明保护。

今天的任务是从阿尼玛卿冰川三个不同的方位测量该区域内冰川退缩的情况，同时记录雪线上移的距离，做好 GPS 标记，并对沿途观察到的动植物进行记录。吃过早餐，参与生态文化行的行者们按照原上草的计划，分成三个小组，与工作人员及社区环保人员从三个方向向阿尼玛卿冰川进发了。

随着全球气候变暖，这里的冰川不可避免地加速融化。从 2016 年起，原上草团队与当地的三个环保组织（玛卿环保协会、玛域文化服务团、阿尼玛卿牧民生态环境保护协会）开始对阿尼玛卿雪山的冰川进行定期监测，以获得冰川融化的第一手数据。

清晨的山间被条条缕缕的雾气笼罩着，像极了洁白的哈达，阿尼玛卿仿佛被笼罩在一种神秘的气氛之中。遵循藏族传统习俗进行了祭祀山神的煨桑仪式后，载着行者们的越野车行进在坑坑洼洼的山间小路上。远处阿尼玛卿山顶浓厚的云雾随着朝阳的升起渐渐散去。好天气会让登山变得轻松太多，大家不禁暗自庆幸。

抵达停车点后，小组成员们卸下一切不必要的辎重，轻装向冰川进发。玛卿环保协会的桑杰特别体贴地带了五个人的午餐，但因担心大娟儿和另一位行者晶晶的体力不够，就让她们留在山下记录植物，而他只和原上草的华青大哥、李丹三个汉子上山。但大娟儿她俩心里的算盘也早就打好了，无论路途多艰难，也一定要到达冰川参与监测工作。事实也证明了选择坚持的正确，不然她们将会因为错过太多而遗憾终生。

大娟儿打开手机GPS，显示停车点的海拔为4700米。在冰川融水的滋养下，大片高寒草甸连绵不绝，其间比较常见的有红景天（学名 *Rhodiola rosea*）、野菊花和一些绽放着明黄色花朵的长在水畔的植物。

红景天 供图／原上草自然保护中心

再往上，到了海拔4800米左右，草甸逐渐被一些抱团在一起的植物群落替代。这簇植物王国的基底是苔、地衣类植物。

依赖着它们所维系的水土，一些叫不出名字的花儿旺盛地生长着。到了海拔4850米，华青大哥说这一带有些很稀有的植物。

正说着，他们就和绿绒蒿（学名 *Meconopsis*）相遇了。它就出现在大娟儿的脚边，虽然曾多次从照片里看到过它们的样子，可真实的它们更让人惊艳。挂满露珠的它们显得娇弱，温柔的阳光透过花瓣，勾勒出它们的轮廓，看起来晶莹剔透，花瓣呈现罕见的蓝中带紫的光泽。

绿绒蒿

毛茛目罂粟科绿绒蒿属植物的统称，它们色彩动人、花朵硕大、姿态优美。按《中国植物志》的记载，绿绒蒿属共49种，而分布在中国的绿绒蒿有38种。在三江源的高山植物中，多刺绿绒蒿的花色和天空最为接近，如此显眼的花也容易吸引食草动物的注意，于是它们长出了一身硬刺来保护自己。

绿绒蒿　供图／原上草自然保护中心

过了海拔4900米，随着海拔的升高，植被开始分布得越发稀疏，绿绒蒿被野葱所替代，就连随处可见、生命力顽强的野菊花也很少了。但远远的，还是有一户牧民在放牧。华青大哥和桑杰走得快，过去和那户牧民攀谈起来。远处有牦牛在吃草，近处有马儿和牧户家忠诚的家犬。极目远眺，山谷里的开阔地带散布着一条条蜿蜒的小河，对面山上也是翠绿如盖，蔚蓝的天空中白云悠悠。这一切组成的画面，美得竟让人感到有些不真实。

认识新朋友

野菊花　供图／原上草自然保护中心

毛茛科植物　供图／原上草自然保护中心

华青大哥指着对面的群山，如数家珍地告诉大家那些阿尼玛卿山神的家族成员，其中有阿尼玛卿的舅舅、父亲、母亲、兄弟姐妹……通过他的描述，周围巍峨的群山和被它们拱卫着的阿尼玛卿，顿时便有了几分人情味儿。

小憩之后，继续向上攀登。这时的海拔逐渐升至 5000 米左右。大家爬上一个山坡，听到巨大的、湍急的水流声。那是冰川融水汇聚成的小河在陡峭的山间奔流发出的声响，可映入大家眼帘的却是一汪碧绿的湖水。这湖水清晰地倒映着蓝天白云，让大家又一次忍不住惊呼起来。后来听小组的另一位行者介绍，这属于冰川融水冲击形成的“冰斗湖”。

此时低头，便会发现石缝里顽强地生长着一株毛茸茸的紫色花朵，这是在绿绒蒿之后大家一直盼望能见到的，无数人向往的圣洁的雪莲花（学名 *Saussurea involucrata*）！它全身上下被一层绒毛覆盖着，看起来娇俏可爱。而它周围的植物，叶片都很肥厚，颜色也更浅淡，且都更加低矮，大概是为了更好地保存水分和养分，抑或是因为生长在雪莲花的身边，有些自惭形秽，才不事张扬吧！

跨过一条小河，终于到达了冰川近前。巨大的冰盖扣在山顶，融化的冰水在冰面上流过，日积月累刻画出深深浅浅的凹槽。这些融水的溪流向下继续汇聚，就形成了一条又一条的小河，顺着山势奔涌而下了。

顺着 2016 年做标记的大石头往前，经过了 2017 年、2018 年和 2019 年的标记石，大娟儿他们找到了 2020 年冰川向上退缩的点位。

正在监测雪线的华青大哥　供图／原上草自然保护中心

雪豹处于高原食物链的顶端

雪豹是高原生态系统健康与否的重要指示物种，素有高海拔生态系统健康与否的气压计之称。

当一个地区雪豹的种群数量较多时，可以说明雪豹的猎物很充足；而食草动物的增多说明当地的草资源丰富，植被被破坏程度较轻，水资源等自然资源充足。

雪豹作为青藏高原的指示物种，根据它的生存状况，可以断定这种生物所处的生态系统是否失衡。因此，保护雪豹，不仅是保护这个物种，而且可以进一步保护高原生态系统。位于阿尼玛卿雪山东北坡的哈龙冰川是黄河流域最长最大的冰川，同时也是黄河的发源地。保护阿尼玛卿雪山，就是保护数亿人赖以生存的水源地。

延伸阅读 EXTENDED READING

还没有测量，华青大哥就看出来今年冰川退缩得比往年严重，心疼得一边摇头一边念叨起来。接着大家对照2019年的标记对眼前的冰川做了宽度和长度的测量和记录。

测量结果也验证了华青大哥的担忧：2019—2020年，仅一年时间，冰川就向上退缩了69米之多！

在新的点位做好标记和记录后，大家心情复杂地再次回望阿尼玛卿这片被冰雪覆盖的山顶，一路无言地下了山。

第二天早上8点，大娟儿他们朝着当天的目的地——冬给措纳湖出发了。按照工作安排，依然分成三组分头行动。当天的任务是

在新的点位做标记
供图／原上草自然保护中心

第二期自然圣境生态文化行活动中进行雪线监测
供图／原上草自然保护中心

找到之前设置的红外相机监测点，把拍到的照片和视频拷贝出来，再给相机更换电池，重新安放、调试，为之后的监测做准备。大家充满期待的心情溢于言表。不知道自己小组将要查看的红外相机都安放在哪里，而将要更换的红外相机里有没有拍到大家最希望看到的大猫。

乘坐的车子出了县城，拐下公路。在小桥上，任务小组和一只藏原羚不期而遇了。它正用屁股对着大家，标志性的浅色桃心形皮毛格外吸引人。听到汽车马达声响后，它回过头来望向他们。目光相接的一刹那，都愣住了。紧接着，反应灵敏的藏原羚谨慎而敏捷地跳开了，但那一瞬间，大家都被它野性灵动的美震撼了。

在前往冬给措纳湖的路上，原上草的阿旺久美老师说："接下来我们要去的地方叫'花石峡'，这个地名是外来人给起的汉语名字，这个地方的名称在藏语里含义为'犏牛两角之间'。"他手指着远方的岩石山继续说道："那些山体的轮廓很像一头巨大的牛，而花石峡镇正好在牛头上两角之间的位置，因此本地的藏族人民一直用这个充满想象力的名字称呼这块地方。"他边说边用手指画出牛的轮廓，指给大家看，哪里是牛头，哪里是牛角，哪里是牛背……

正说着，一只鸟低低地飞过，"大鵟！"眼尖的桑杰叫道。只见一只大鵟向电线杆顶端的一个很大的巢飞过去，虽然看到大家在拍它，但动作依然不紧不慢，似乎并不害怕。巢里还有另一只和它一样大小的鸟儿，蹲伏在里面。阿旺久美老师说，它们是幼鸟，虽然已经学会飞行，但是技术还不够熟练，所以在巢的附近练习飞行，并且它们现在也还不太愿意离开自己的巢。原来，不仅人类有“啃老族”，动物界也有这样的赖皮孩子呀！

车子在砂石路上行进，多少有些颠簸。但是周遭的美景弥补了这个缺憾。从山脚到山上，整个山坡都被碧绿的牧草覆盖着。一路上看见的山脊也不像阿尼玛卿那样巍峨耸立，而是带着些许的温柔和妩媚。

这时，一只高大的身影猛地闯入了大家的视线。大家惊呼：“藏野驴！”而藏野驴在此刻也发现了他们，于是撒开四蹄向前狂奔。阿旺久美老师说，藏野驴素有和汽车赛跑的“爱好”。哈哈，真是头犟驴！

准备进山

车子又行进一段路后到达了放置红外相机的山下，大家带上装备要徒步进山了。没想到在这里又邂逅了藏野驴。

那是一个藏野驴家庭，由一头公驴和几头母驴组成，其中一些母驴还带着看起来是今年出生的驴宝宝，这个家庭大大小小共有 13 头驴。领头的公驴十分警惕，它向行者车队慢慢靠近，似乎做好了决一死战的准备，同时留给其他家庭成员足够撤离的时间。

行者们　供图 / 原上草自然保护中心

但大家并没有体会到这紧张的气氛，反倒是被它们优美圆润的外形和公驴“男子汉担当”的气概折服，忍不住多看了一会儿，直到这个大家庭远远离去。

沿着平缓的草原前行，大家在脱下鞋袜、挽起裤腿蹚过一条不是很湍急，却在夏日仍感冰凉的小河后，就开始登山了。山坡上漫山遍野开着浅粉色的花儿，看上去像在地上铺了一张巨大的地毯。刚开始，山坡平缓，并不难走。越往上，植被变得越稀疏，有更多的山石裸露出来，脚下感觉有些滑，山坡也更加陡峭。

沿着草原前行
供图／原上草自然保护中心

虽然大家都气喘吁吁的，但还是被阿旺久美老师远远地甩在身后。桑杰不知道什么时候已经到了山顶上的垭口，真是不得不佩服他俩的脚力。

从高处向下看，一些小河蜿蜒流向湖泊所在的方向，形成了一大片水草丰美的湿地。河水如一面镜子，倒映出天空中的云朵，一些水鸟栖息在水边，不时地潜入水底，抑或飞向远方。

总算上到山顶，从高空俯视，大家立刻被冬给措纳湖的美丽震撼了。此时的冬给措纳湖碧蓝如镜，在这一片人烟稀少的天地间遗世独立，似乎亘古不变。它无言地承载、包容着一切。那一刻，所有世间的纷杂都不存在了，那一刻，大家都在心中默默地祝福这美丽的湖泊永远这么纯净。

行者们 供图/原上草自然保护中心

探访雪豹的活动区域

到达红外相机安置处，大家开始了拷贝相机资料和更换相机电池的工作。首先，要把绑缚在山石上的红外相机小心地拆卸下来，把内存卡连接到电脑上，然后查看这部相机拍下的画面。大家欣喜地看到，红外相机记录下了岩羊、旱獭等常见的动物。

当然，大家也看到了一直期望的雪豹。从画面中可以清晰地看到，一只雪豹在这附近的地面刨坑。把这些影像资料拷贝到电脑后，格式化相机，接下来就是更换电池和重新设置相机了。

重新安放和设置红外相机是一项有挑战性的工作。首先，要保证相机足够稳定、牢固，能让它在没有工作人员查看的时间段内正常工作；其次，相机的架设角度也要足够好，保证拍摄到的动物尽可能的清晰、完整。所以安放好之后，工作人员通常还要模拟雪豹等动物的姿势，从相机跟前经过，看是否能触动相机的拍摄功能，以此评估相机架设的位置是否合适。

安装调试之后，阿旺久美老师带着大家查看了垭口高处的一处天然凹陷。这处凹陷的顶端有很多小的洞口，许多沙燕忙碌地进出，看来这里是它们这个大家族理想的栖息地。而这个凹陷的地面

本次回收的相机里拍到的雪豹影像　供图 / 原上草自然保护中心

本次回收的相机里拍到的雪豹影像　供图／原上草自然保护中心

已经被摩擦得很光滑，阿旺久美老师说这里应该有雪豹居住过。不远处的草地上，大娟儿发现了一坨便便，相较于附近的其他便便要大很多，于是请桑杰查看。桑杰拿起一小块便便仔细观察后得出结论，这是一坨雪豹的便便。他告诉大娟儿，便便上有未消化的岩羊的毛，用小石头砸开还发现了没有消化的岩羊骨头。小组的其他行者还在附近发现了一只岩羊角，也让大家兴奋不已。这真是像极了一个破案的过程，通过蛛丝马迹去分析、判断雪豹的踪迹，而工作人员们更是瞬间化身为侦探了。

完成这些工作后，三个小组的人员在山下会合。大家驾着车沿着湖边顺时针前行，不时有野生动物出现：胡兀鹫、藏野驴、赤麻鸭、黑颈鹤……

因为湖区面积较大，收集红外相机资料的工作还未完成，所以大家晚上会在湖边露营。阿旺久美老师在湖边的开阔地选好露营地点后，大家就默契地各自忙碌开了。

一组和二组负责搭帐篷，三组忙着生火做饭。在洗菜前，大家被告知：一定要用干净的容器把水舀出来，不可直接在湖中清洗，尤其是被当地人供奉为神湖的湖泊；也要把垃圾分别进行存放，把不要的菜叶单独分拣出来[1]。

湖边露营　供图 / 原上草自然保护中心

① 原上草自然保护中心在黄河源区域进行的环保工作立体又丰富。除了雪豹监测与保护、气候变化与雪线监测，还联合本地环保机构，对 170 多个水源地进行监测保护和垃圾清理。有些水源地偏远，车进不去，只能用马和牛将垃圾运出来。

大家正忙着，环保人尕项哥怀抱曼陀铃，唱起了悠扬的牧歌，多才多艺的华青大哥也加入进来。听到歌声的伙伴们，都忍不住停下手里的活跑去，并跟着歌曲的节奏，跳起了锅庄舞。

吃过晚餐，大家又随同阿旺久美老师前往湖边右侧的一处山谷，收集那里的一部红外相机的数据。高原的夏季，天黑得很迟，就着黄昏的光线，大家沿湖岸前行。

小组成员跳锅庄舞 供图 / 原上草自然保护中心

桑杰看着远处，说那里有岩羊！这一下子让大家紧张和兴奋起来。经过仔细查看，发现密密麻麻铺满山坡的那一大群不是岩羊，而是白唇鹿！大伙儿从没想过会这么幸运，能看到白唇鹿，而且还是这么大的一群！

虽然大家小心翼翼地、非常缓慢地靠近，但仍然让鹿群觉得受到了威胁，它们在山坡上缓缓向后方撤退，与我们这群人保持着距离。为了不再对它们造成打扰，阿旺久美老师决定带着桑杰进山收取资料，其他队员返回营地。

“黄昏的营地，在这里看，只是天地间一个个小点，而我们，是如此渺小，如何能对这天地间的一切不产生敬畏之心呢？”

大娟儿想。

本文原创者

大娟儿

来自西宁几何书店。近年来与多家本土合作，参与过“社区图书室”的建设等公益工作。热爱青藏文化，并愿意为推广环保作出自己的贡献。

沿着昆仑山东端的公路行驶，
这里是干旱的不毛之地。
即将到达的布尔汗布达山的深处，
氤氲的水汽哺育了厚实的草甸，
每条小溪都连接着世界的最上游，
聚集了大量的岩羊和马鹿。

到访者在寒冷的山地里宿营，
用小灌木和汽油，
点燃了一堆小篝火。
北斗七星点缀着巨大的苍穹，
星河在平缓地移动，
在冰面上投下璀璨的倒影，
像大自然的内心深不可测。
静静地倾听，
这苍生的纠缠和万物的寄语。

THROUGH THE LAND OF SNOW LEOPARDS 06

穿越雪豹之地

自2011年6月参与雪豹研究和保护以来，大牛已经无数次奔赴荒野，在青海、甘肃、四川……参与过多次雪豹调查。多年来，他有过深切的疲惫，也有过深切的喜悦；体味过很深的沮丧，也感受过很深的希望。这份职业不仅带他穿越山谷，探访雪豹生活的家园，还带他进入传说中的圣地，一窥人与神共存的世界。

“神山”、牧民与雪豹

果洛州阿尼玛卿山沟的底部有一条明显的土路，宽三四十厘米，带着摩托车辙和牦牛蹄印，蜿蜒伸入峡谷深处。这时，溪流已经封冻，但薄冰下的流水还依稀可见。夕阳西下，山坡上的积雪还是明晃晃的耀眼，寒气笼罩着每株微微摇晃的灌木。

这是2017年11月，在青海三江源阿尼玛卿雪山东侧的哲垅。“哲”在藏语里意为母牛，“垅”是山沟的意思，据说格萨尔王的妈妈曾带着一头母牛在这条山沟里放牧。哲垅也可能由此而得名吧！

大牛，在青藏高原从事野生动物研究保护工作十几年。阿旺久美，三十出头，通晓汉语、藏语、英语，英国肯特大学毕业，在国际环保组织野生动植物保护国际（Fauna & Flora International，FFI）工作期间就关注“神山”与生物多样性保护的问题；后来，他在青海注册了非政府组织——原上草自然保护中心，并选择阿尼玛卿作为工作区域。华青，四十来岁，是当地土生土长的牧民，也是摄影师，他自学汉语和摄影，为牧民开设扫盲班，带领大家做了很多环保工作，在当地备受敬重。他们一行三人，对这片山区进行了雪豹调查。

EXTENDED READING 延伸阅读

为了阿尼玛卿地区雪豹长期的监测与保护，2017年11月15日至11月30日，原上草自然保护中心与中国林业科学研究院、青海林业厅野生动植物和自然保护区管理局合作，在下大武、雪山乡和东倾沟三地投放约100台红外相机，对阿尼玛卿地区的雪豹种群进行一次全面的调查。

此次调查最终投放面积2200多平方千米，共监测到16种野生动物，获得了500多张珍贵雪豹影像资料。

三人小组没有选择土路，而是靠着山谷一侧慢慢往上爬。雪豹时常贴着山谷边缘行走，在带倾角的石壁上会留下痕迹，或者是刨坑，或者是粪便。有时候还会发现被雪豹杀死不久的猎物的尸体，在青藏高原上，被猎杀者通常是岩羊。

走了一小时，检查了许多石头，却一无所获。阿旺久美笃定地说："华青家的草场上有马麝。原来有四只，现在只剩下两只了。"话音刚落，一只大动物从大牛身前的灌丛里蹿出来，快速地往山坡上奔去，看身形像是一只巨大的兔子。"是马麝！"华青说。"这条山沟里面，雪豹多得很。"华青继续说。

在雪豹野外调查的过程中，疲惫和愉悦常常相互交织。远远看到山谷里或是山脊上的一块石头，判断出这是适合雪豹做标记的，于是驱动着被海拔拖累的身体跑去查看，但许多时候只能遗憾地发现，虽然石头挺合适雪豹做标记，但上面什么也没有。不过，踏足鲜有人迹的山谷，入眼未曾见过的风景，发现未曾记录的雪豹痕迹，这种诱惑总是令人难以抵挡。

阿尼玛卿是藏传佛教的九大神山之一、格萨尔王的寄魂山，也是黄河流域最高的雪山，同时还是果洛藏族自治州最大的雪豹分布区，更是三江源自然保护区的分区之一，管辖范围内设有两个保护站，不过它并没有划入新设立的三江源国家公园。

阿尼玛卿是三江源重要的雪豹分布区　供图／原上草自然保护中心

阿尼玛卿周边的果洛牧民，是勇武不羁的部族，曾经顽强抵制过外来的干预，历史上曾让西方探险者闻风丧胆。19世纪后期，果洛牧民曾与普热瓦尔斯基的哥萨克护卫队对峙。1926年，美国植物学家、探险者约瑟夫·洛克（Joseph Rock）试图考察阿尼玛卿，却最终止步于100千米外，因为部族的纷争使得没有一个当地向导敢于带他靠近阿尼玛卿。民国时期，马麒、马步芳的军队曾与果洛部族发生过旷日持久、代价惨重的对抗。阿旺久美向当地老人了解过阿尼玛卿地区野生动物的变迁，马家军的猎杀可能是当地野牦牛（学名*Bos mutus*）灭绝的原因。此后半个多世纪，持续的猎杀和牲畜的发展，使得野牦牛的数量再也没有得到恢复。不过，雪豹却挺过了这些艰难时刻，繁衍生息至今。

大牛和阿旺久美计划将红外相机覆盖到阿尼玛卿周边的山地，以全面调查雪豹的分布和种群状况。现在，红外相机已经成为调查雪豹的标准工具，当雪豹走过设置好的红外相机，相机会自动开启。因为当温血动物经过时，传感器探测到热量变化，会触发相机拍摄。根据其独特的斑纹，便可以识别出雪豹的个体，从而估算雪豹的数量。

可这种调查的难题之一就是怎么把红外相机放到合适的地方。阿尼玛卿周边山地也是冬虫夏草产区，进入21世纪，节节攀升的虫草价格给当地牧民带来巨量财富，也带来垃圾和草场破坏问题。近几年，当地陆续出现了几个环保小组，自发组织起来拾捡垃圾、清洁水源……华青、阿旺久美和这些小组都建立了密切的联系。这次阿旺久美也找来了盟友——三个由当地牧民组建的环保小组（玛卿环保协会、阿尼玛卿牧民生态环境保护协会、玛登文化保护协会），邀请他们共同开展雪豹调查，并对这三个小组的当地牧民进行了红外相机监测雪豹的培训，希望他们以后也能独立进行监测。通过监测，牧民们可以更清楚自己家草场附近雪豹等物种的分布，看到自己生活的地区有这么多值得保护的资源，从而更加坚定保护环境的信心。

设置红外相机　供图／原上草自然保护中心

阿尼玛卿的牧民参与布设红外相机　供图／原上草自然保护中心

这些牧民关心自己家乡的环境，了解雪豹保护的意义，更重要的是，他们非常熟悉这片山地，知道什么地方最可能出现雪豹，哪里适合放置红外相机，这样就大大加快了调查进度。共有 20 多名牧民参与到这次的监测活动中来，他们很快就把将近 100 台红外相机布设到了神山周边的山地里。

从“劳改农场”到国家公园

大牛第一次到阿尼玛卿是 2013 年 3 月底，同行的还有美国动物学家乔治·夏勒（George Schaller）博士。

当年，夏勒博士已经 80 岁，但依然精神矍铄、步履矫健。正是这位老人开启了中国的雪豹研究和保护工作。

20 世纪 70 年代初，结束印度的孟加拉虎（学名 *Panthera tigris tigris*）研究后，夏勒博士到喜马拉雅南坡做调查，在巴基斯坦的喀喇昆仑山区第一次见到雪豹，双方愉快地相处了一个星期。后来他在尼泊尔的山区徒步数月，只瞥见过雪豹一眼。这些古典探险式的漫游，提供给了夏勒博士关于雪豹及其猎物的最初信息。

20 世纪 80 年代中期，完成四川卧龙的大熊猫研究后，当时的国家林业局（现改名为国家林业和草原局）邀请夏勒博士到中国西部调查雪豹的状况。夏勒博士考察了青海的阿尼玛卿、祁连山、昆仑山以及玉树州等地的雪豹状况，还远涉新疆的帕米尔高原和西藏的羌塘高原。当时，骑马背枪的牧民比比皆是。2002 年前后，枪支上缴，这大大改善了野生动物的处境。那个时候，当地对动物保护知之甚少，如今动物保护已成为重要议题。当然，那个年代的道路交通没有如今发达，大多数地方的人为干扰程度也很轻。

2013—2015 年，大牛陪同夏勒博士重访了阿尼玛卿、祁连山和昆仑山，调查这些区域的雪豹及其他野生动物的状况。他们进入偏远山区，跋山涉水，搜寻山沟里的雪豹痕迹，收集粪便样品，记录各种野生动物的数量。有人批评说这种“博物学”方法不严谨，难以获得真正的科学信息。事实证明，经过三十年的长期观察，这种办法确实能提供许多洞见。

2014 年 6 月，在蒙蒙细雨中，大牛和两位同事陪同夏勒博士进入青海省北部的祁连山。在疏勒南山和托勒南山起伏的山地间，疏勒河蜿蜒向西。他们在疏勒河两岸检查了数条山谷，都发现了高密度的雪豹痕迹。在一些山谷里，甚至每走十几米就能发现一个雪豹刨坑。

沿疏勒河向西，翻过柯柯赛垭口，调查小组进入花儿地——传说马步芳曾在这个封闭盆地里种植罂粟，这也是其得名的原因。这里东西两头都是高耸的大山，冬季大雪封山，夏季泥泞难行，可能是祁连山雪豹密度最高的地方。

在花儿地的西侧，青海和甘肃交界处，有一个巨大的劳改农场旧址。1984 年夏勒博士在这里开展雪豹调查时，就应邀住在农场，农场周边有一点耕地，不过犯人们的主要工作是到山沟里挖硫磺矿。那次他找到了大量的雪豹痕迹，当时的西宁动物园还在这一区域抓捕了十来只雪豹，带回去用于人工繁育。

这次，大牛他们进入花儿地时，硫磺矿和劳改农场早已废弃，只留下一条土路通向山谷深处。好消息是，他们在硫磺矿附近发现了被雪豹杀死的岩羊尸体。

2014 年 6 月底，他们查看了所有能够到达的山谷，开矿、探矿的道路几乎伸向每一条山谷，确实为调查提供了很大便利。夏勒博士把目光投向疏勒河北侧的山地。虽然雨季尚未来临，但连绵的小雨已经使得疏勒河水流滔滔，他们清晨把车开到河边，多次尝试也未能渡过。最后，大牛和夏勒博士穿起水裤，试图强渡，也没能成功，调查只能到此结束。

2016 年 6 月，大牛再次进入花儿地，尝试性地安放了十几台红外相机，并拍摄到雪豹、豺（学名 *Cuon alpinus*）等动物。当年年底，祁连山国家公园成立，花儿地被划入国家公园境内。2017 年 5 月，中国林科院团队与青海省祁连山自然保护区管理局开展了大规模的红外相机调查，大牛也有幸参与其中。在祁连山的甘肃一侧，北京林业大学和盐池湾自然保护区、甘肃省祁连山自然保护区也开展了多年的雪豹监测工作。

祁连山国家公园的设立，使人们第一次在山系尺度上开展雪豹的调查和保护。在这片区域，猖獗的非法开矿虽然已经得到强力压制，不过解决相关纠纷还需要些时日，盗猎对雪豹的影响也依然存在。但是，从外国科学家的考察到中国科研团队的调查，从媒体的舆论关注到政府部门的快速果断的行动，从分散的自然保护区到整合后的国家公园，祁连山的雪豹保护走过了一个漫长的过程，前景乐观，但未来仍需努力。

昆仑山东端情况未卜

2015 年冬季，大牛陪同夏勒博士在昆仑山做最后一次调查，用一个月时间走遍了青海境内昆仑山的东端和中端。

昆仑山东端也叫布尔汗布达山，大体位于青海都兰县境内。沿着昆仑山东端的公路行驶，两侧的山地干旱贫瘠，让人难以相信有大群动物生活在这里。不过，进入支沟，往山里走，山区积攒的水汽还是维持了不少草地，溪流边更是长满了厚实的草甸。随着海拔升高，开始看到大量岩羊和马鹿。

大牛他们取道昆仑山南侧，向西穿越，晚上在寒冷的山地里宿营，采集一点小灌木，加上汽油，点起一堆小篝火。明月高悬，寒风彻骨，82 岁的夏勒博士和大家一起围坐篝火边，聊起半个世纪以来的野生动物调查工作。

雪豹调查，或者所有的野生动物调查工作，是这个时代少有的正当探险的机会。调查区域往往人烟稀少，道路、通信等基础设施条件差，也正因为如此，野生动物才能免于人类的干扰。调查人员会面临身体和精神上的双重挑战，还要接受并应对各种不确定性，正是这种不确定性，让调查不由得带有英雄主义的色彩。

抵达青藏公路后，大牛他们继续向西，进入昆仑山北坡的野牛沟。这里是青藏高原野生动物研究的著名地点之一，美国动物学家理查德·B. 哈里斯（Richard B. Harris）曾在这里做过数次有蹄类的调查，然而关于雪豹的信息却非常稀少。

大牛他们花了三天时间，找到的雪豹痕迹并不多，这里更像是野牦牛、藏野驴、藏原羚和藏羚（学名 *Pantholops hodgsonii*）的家园，特别是藏羚，会翻过昆仑山脉进出可可西里。牧民在这里放牧，家畜和野生动物会有一些竞争。这里不是自然保护区，只是昆仑山地质公园的一部分，对于野生动物保护还没有相应的管理。

怎样区分藏原羚和藏羚

从体形来看，藏原羚要比藏羚小一圈。而最标志性的区别在于藏原羚大而呈心形的白色臀斑。藏原羚的生活策略与藏羚也很不一样，雌性藏羚每年夏季会结成大群，长距离迁徙产崽，而藏原羚不会长距离地移动。

巍巍昆仑，横亘于青藏高原和沙漠戈壁之间。在新疆是塔克拉玛干沙漠，在青海则是柴达木盆地。昆仑山是沙漠戈壁南缘绿洲的水源地，千百年来哺乳着丝绸之路上的站点和城镇。但近几十年来，便捷的交通使附近城镇的人口更容易进入山区盗猎、开矿……对昆仑山造成了不利影响。昆仑山主山脊以南，有西昆仑、中昆仑、阿尔金山、羌塘、可可西里、三江源等自然保护区，而主山脊以北的昆仑北麓山地，几乎没有自然保护区。

相比阿尼玛卿和祁连山，昆仑山的雪豹保护会走上什么道路？目前来看，情况尚不明朗。

雪豹保护，关系你我

2017 年 9 月，世界自然保护联盟将雪豹的受威胁等级从濒危级别（Endangered，EN）调整为易危级别（Vulnerable，VU），但这并不代表雪豹的生存威胁得到了缓解。

在中国广袤的西部，雪豹低密度广泛分布，只有在局部地区，雪豹的生存状况才得到过仔细评估。

当然，如今再说雪豹保护，着眼点已经不仅是拯救这个物种免于灭绝，而是如何通过保护雪豹来保护高寒山地生态系统，保护十几亿人群赖以生存的水源地。上面提及的阿尼玛卿、祁连山和昆仑山，都是如此。这也是偏远西部的隐秘生物与我们每个人的关联所在。

这些年跑下来，大牛看到过希望，也体会过沮丧。从政府机构到社会组织，从科研人员到当地牧民，对于雪豹的关注越来越多，投入越来越大，雪豹正逐渐成为继大熊猫、藏羚羊之后的明星物种。然而大家对这个物种仍然知之甚少，不知道到底有多少雪豹，对雪豹面临的各种威胁因素也了解不足。与此同时，中国西部正在快速发生着变化，保护的脚步能跟上变化的速度吗?

纵观历史，人类保护大型食肉动物的观念其实出现得晚之又晚。直到20世纪中期，中国还在组织打虎队，消灭猛兽。有一种观点，将现代化视为生态破坏的罪魁祸首，而就大型食肉动物来说，现代化的飞速发展也是大量环保人士希望保护它们的原因。

归根结底，保护性冲突，其实是人与人的冲突，是抱持不同观念的人群之间的争议。如果人们能够进一步了解雪豹，了解它们的现状和在生态系统中的作用，了解它们对于人类的重要性，了解它们的优雅与美丽，那么在影响雪豹未来的无数争议和决策中，或许会有更多的人选择站在雪豹一边。

本文原创者

刘炎林（大牛）

动物学博士，猫盟工作人员，长期从事青藏高原野生动物调查和保护工作。

梦想和骄傲有关，
穆里尼奥说。
这是足球理论。

有时候，
我们像发了狂，
陷入幻想，
却不知为何而思、为何而想。

我们用微观的小尺子度量一切，
就像月球围绕地球，
它们旋转着，
把平衡和视野引向雪原。

那里人迹罕至，
仿佛无形之手拨弄着群山之弦。
我们伸出双臂穿过旋律所及之处，
拥抱雪山之巅的精灵，
拥抱星光和荒野。

我们和它们，
自降生的那一刻，
生命即是梦、即是未来。
它将我们和这个世界融为一体，
变成大自然的身体和影子，
变成某种季节中的某种动物和植物，
共生于这灯海和星河交融的璀璨世界。

07 GIVE SNOW LEOPARDS A BRIGHTER FUTURE
许雪豹一个更加光明的未来

雪豹作为栖息地中的顶级掠食者，必然牵一发而动全身。因此，如何进行全面调查，推动科学保护？

在全球大型食肉动物一片萧条的情况下，中国雪豹如何拥有一个更加充满希望的未来？

在本文中，来自国内猫科动物调查和保护经验最丰富的团队之一猫盟和国内领先公益咨询机构明善道的胡衡女士，将从大局着眼，向我们通透地阐述雪豹的现状并前瞻性地展望雪豹保护的未来。

存疑的雪豹种群数字

2017 年，IUCN 的红色名录将雪豹的受威胁等级从濒危级别调整到了易危级别。

当前，全球雪豹的数量为 7400 ~ 8000 只，成熟个体的数量估计为 2710 ~ 3386 只，并且种群保持相对稳定。

从这个结论上看，雪豹的保护形势似乎一片大好。然而评估的数据却存在不小的争议，原因很简单：雪豹生活的环境过于恶劣，难以开展足够科学严谨的种群评估。

2019年，一篇题为《雪豹种群估计的取样偏差》（Suryawanshi et al，2019）[①]的论文中提到，全世界只有6个雪豹分布国有正式发布的种群密度估计数字，调查面积仅占全球雪豹栖息地的0.3%～0.9%。而且，在小面积的优质栖息地中利用红外相机方法估算的雪豹种群密度严重被高估了，有的甚至高估了五倍之多。

这正印证了保护者们的担忧：雪豹生活在如此险恶、偏远的高山环境中，踪迹十分隐秘，加上分布较为零散，导致总体上发现率低、样本量少，因此估计的雪豹种群数量的准确率存疑。

雪豹走在四川新龙的山上 供图／猫盟

① Suryawanshi，K. R.，Khanyari，M.，Sharma，K.，Lkhagvajav，P.，& Mishra，C. Sampling bias in snow leopard population estimation studies[J]. Population Ecology，2019，61（3）：268-276.

而在中国，也面临着同样的问题：对雪豹的调查有待进一步加强。中国拥有全球60%的雪豹栖息地，是世界上雪豹分布范围最广、数量最多的国家①。

雪豹在我国的栖息地大多分布于西藏、青海、新疆、甘肃、四川以及内蒙古等省和自治区，比如猫盟项目地所在的四川新龙和祁连山地区，前者山高谷深、偏远闭塞，而后者人迹罕至、严寒刺骨……

目前，雪豹栖息地分布在中国、哈萨克斯坦、乌兹别克斯坦、尼泊尔、蒙古国、俄罗斯、巴基斯坦、不丹等12个中亚或南亚国家的高山地区②。

雪豹　供图/猫盟

①② Jackson, R., Mallon, D., Mishra, C., Noras, S., Sharma, R., Suryawanshi, K., ... & Zahler, P. Snow Leopard Survival Strategy: Revised Version 2014.1.

在这些环境严酷的栖息地，进行全面调查的成本非常高昂。因而时至今日，还没有较为准确的中国雪豹种群数字。

大规模的保护需要大规模的证据，而以我们对雪豹现有的调查和了解，尚不足以做区域性的种群密度估计，全国性的保护现状评估就更加困难。

因而喜爱雪豹的你我，都不应当为某一阶段的数据而自满，围绕雪豹进行的观测和研究尚有很长的路要走。

雪豹面临多重威胁

毋庸置疑，雪豹已经是中国生存状况最好的野生大猫。但它依然面临着诸多威胁。

其一，栖息地的退化与破碎化，是绝大多数野生猫科动物共同面临的问题。放牧家畜数量的增加打破了自然平衡，导致草场退化，野

雪豹在吃牦牛的尸体 供图 / 猫盟

生动物的数量随之减少[1]。同时，增多的家畜也会与雪豹主要捕食的野生有蹄类动物竞争生存空间。

猎物来源的减少使雪豹不得不捕猎家畜，这又导致了雪豹与牧民之间的冲突。而栖息地破碎化的重要原因之一是基础建设。雪豹分布区中的大规模道路建设和众多矿产开发，可能会割裂雪豹的栖息地，进而影响其种群的正常繁衍和扩散。

此外，栖息地变化也与气候变化息息相关。持续变暖的气候会导致林线和雪线向高海拔移动，从而挤压雪豹的生存空间。低海拔地区的其他食肉动物也会向高海拔迁徙，与雪豹竞争同样的生态位。

其二，非法盗猎。在我国，雪豹生活的大部分地区都是较为偏僻的少数民族聚居区，值得庆幸的是它们能够受到当地少数民族风俗的庇护。特别是在国家对野生动物保护进行相关立法[2]和宣传之后，当地人上山打猎雪豹的情况已然大幅减少。

不过，非法盗猎仍未禁绝，不法分子依旧对雪豹的皮毛虎视眈眈。雪豹不同于一些高繁殖力的物种，对人为猎杀十分敏感。有研

---

① 青海等中国雪豹的分布区受到草场退化的威胁。参见：Harris，R. B. Rangeland degradation on the Qinghai–Tibetan plateau：A review of the evidence of its magnitude and causes[J]. Journal of Arid Environments，2010，74（1）：1–12.；Wang，P.，Lassoie，J. P.，Morreale，S. J.，& Dong，S. A critical review of socioeconomic and natural factors in ecological degradation on the Qinghai–Tibetan Plateau，China [J] .The Rangeland Journal，2015，37（1）：1–9.

② 《中华人民共和国野生动物保护法》由中华人民共和国第七届全国人民代表大会常务委员会第四次会议于 1988 年 11 月 8 日通过，自 1989 年 3 月 1 日起施行。

究显示，只有当种群中雌性雪豹的数量超过 15 只时，该种群才能承受一年被猎杀一只雪豹所带来的影响。

其三，除了这些老生常谈的栖息地问题和盗猎问题，还有新的情况出现——人兽冲突。

说到人兽冲突，更多人的第一反应是当地人的家畜被雪豹袭击后，对其采取的报复性猎杀行为。此外，对狼等其他捕食者进行的投毒和设置陷阱同样会导致雪豹死亡。报复性猎杀行为出现的频率不仅与雪豹捕杀家畜造成经济损失的高低有关，而且与当地民众对雪豹的容忍度有关。

雪豹的大尾巴　供图／刘秦樾、墨景页

青海省三江源等地区的居民对雪豹的容忍度会更高[①]，然而在这里，每年被雪豹吃掉的家养牦牛和羊分别占总数的4%和11%，户均损失达2.8万元[②]。

人兽冲突的表现也与我们同样喜欢的另一种动物——狗有关。在单打独斗的情况下，一只大中型犬的高度往往与雪豹差不多，但它们的野性和攻击力通常比雪豹逊色。

然而，在结群的情况下，狗群的战斗力不可小觑。举例来说，前些年藏獒被炒作为“神犬”，身价水涨船高，当“泡沫”破灭后，大量豢养的藏獒被放到野外，这些流浪犬集结成群，俨然成了高原上的另一大掠食者群体，除了与雪豹竞争食物以外，甚至可能直接对雪豹造成威胁。

无论是栖息地的退化，还是偷猎盗猎和人兽冲突，雪豹的生存和未来都与你我息息相关。这意味着，如果能够对雪豹投入更多的关注，那么它们的明天将会更加不同。

---

① 参见 Xu，A.，Jiang，Z.，Li，C.，Guo，J.，Da，S.，Cui，Q.，& Wu，G. Status and conservation of the snow leopard Panthera uncia in the Gouli Region，Kunlun Mountains，China[J]. Oryx，2008，42（3）：460–463；Li，J.，Wang，D.，Yin，H.，Zhaxi，D.，Jiagong，Z.，Schaller，G. B.，... & Lu，Z.2008 Role of Tibetan Buddhist monasteries in snow leopard conservation [J].Conservation Biology，2014，28（1）：87–94.

② 李娟．青藏高原三江源地区雪豹（Panthera uncia）的生态学研究及保护 [D]. 北京：北京大学，2012.

认识挑战，面对挑战

雪豹面临的威胁是全球很多种物种都在面临的。根据生物多样性和生态系统服务政府间科学政策平台（The Intergovernmental Science-policy Platform on Biodiversity and Ecosystem Services，IPBES）于2019年发布的全球评估报告，如果人类再不采取有力措施改变人类与自然的关系，将会有近百万种物种濒临灭绝。加上气候变化的影响，物种面临的挑战将会越来越大[①]。

认识到挑战是应对危机的第一步。2020年新型冠状病毒肺炎疫情暴发后，生物多样性保护在中国得到了前所未有的重视，《野生动物保护法》得到修订，各地纷纷出台保护细则。这其中也有环保公益组织的贡献。从对环保公益行业的观察来看，雪豹保护在环保领域虽然不是最热门的，但旗舰物种保护在行业中已是备受资助方关注的领域。根据《2019环境资助者网络（CEGA）报告》，2019年资助金额最高的是"生态保护"领域，达到1.5亿元，占CEGA成员年度环境资助总额的一半，其中"物种与栖息地保护"的小类又占比最高，获得4268万元资助，共161个项目。

① Brondizio，E. S.，Settele，J.，Díaz，S.，& Ngo，H. T. Global assessment report on biodiversity and ecosystem services of the Intergovernmental Science-Policy Platform on Biodiversity and Ecosystem Services，2019.

雪豹　供图／猫盟

旗舰物种保护也是公众最为容易理解并支持的项目，每年腾讯“99 公益日”活动中，此类项目往往能迅速筹满。而环保项目在此类活动的总筹资中仅占 4.2%（2018 年）。当然，这也和环保公益组织大力开展自然教育，以及自然教育行业不断发展有一定关系。

外部的筹资和公众关注度持续向好，物种保护项目实际的开展情况如何呢？首先政府的自然保护地管理机构在物种保护中发挥了主要作用，在减少盗猎、栖息地保护和恢复、物种基础调查等方面起到基础作用。截至 2018 年底，我国已有各类自然保护区 2700 多处，90% 的典型陆地生态系统类型、85% 的野生动物种群和 65% 的高等植物群落被纳入保护范围[①]。

首批成立的国家公园体制试点中的三江源国家公园、祁连山国家公园，都制订了包含雪豹等珍稀物种保护的工作计划。

物种保护工作亟待汇聚多方力量，民间的环保公益组织在其中发挥的作用不容忽视。中国环保公益组织在 20 世纪 90 年代之后开始兴起，一些组织从公众关心的物种保护入手发起了一系列宣传教育活动。近年来，一些组织专业性的提升，使它们在保护区或保护区外的野生动物监测和研究、缓解人兽冲突、社区生计替代等方面探索了新的模式，并在政策监督、倡导，公众意识提升和带动公众参与方面发挥了重要作用，成为政府保护工作的有益补充。

---

① 国家发展改革委，自然资源部．全国重要生态系统保护和修复重大工程总体规划（2021—2035 年）[Z].2020.

具体到雪豹保护，由山水自然保护中心、北京大学自然保护与社会发展研究中心以及青海省玉树藏族自治州杂多县人民政府牵头，北京林业大学、中国科学院、万科公益基金会、珠峰雪豹保护中心、绿色江河、荒野新疆等组建的中国雪豹保护联盟，是一个由科研、民间机构共同参与的联合组织，以交流、培训、论坛、小额赠款为主要方式，搭建中国雪豹研究与保护的沟通交流平台。这个联盟中的成员分别在雪豹分布的不同区域开展工作，多数具备监测研究、社区参与及解决人兽冲突等方面的工作能力，而在雪豹分布尚不够清晰、单个机构力量有限的情况下，多个机构的交流和联合是非常必要的。联盟发布了《中国雪豹研究与保护报告 2018》。2019 年，多家环保公益组织的成员及研究机构基于各自的成果，在《生物多样性》期刊的中国雪豹调查研究与保护专题发布了研究报告，更为系统地展示了中国雪豹的研究成果及威胁和保护现状，为推动雪豹的进一步保护奠定了基础。

雪豹的生存环境将面临改善

在 2020 年第八个“世界雪豹日”（10 月 23 日），青海省林业和草原局与中国林业科学研究院森林生态环境与保护研究所推出了联合编制的《青海雪豹保护规划（2021—2030）》，表明对雪豹这一旗舰物种的保护得到了更高的重视。

野外工作中的猫盟团队 供图 / 猫盟

在缓解人兽冲突方面，由于对野生动物栖息地的蚕食，人兽冲突在世界范围内时有发生。根据一项在四川卧龙国家级自然保护区开展的雪豹食性研究[①]，区内雪豹对散放家畜的依赖度较高，很可能带来相当程度的人兽冲突。这类人兽冲突容易导致当地社区对肇事动物的负面印象和容忍度下降，甚至猎杀。

对此进行经济补偿是物种保护的常见做法。我国的一些地方政府和环保组织都在开展相关工作，例如，三江源国家公园 2019 年在昂赛开展“人兽冲突保险基金”试点；“福特汽车环保奖”的获奖组织青海省三江源生态环境保护协会、守护荒野等组织也在项目地开展雪豹人兽冲突的调查和生态补偿工作。

① 陆琪，胡强，施小刚，等. 基于分子宏条形码分析四川卧龙国家级自然保护区雪豹的食性[J]. 生物多样性，2019，27（9）：960.

在进行社区调查时，往往也是环保组织向当地牧民介绍和宣讲野生动物保护的时机，很多牧民在获得损失补偿款并了解了保护的价值后，逐渐成为环保组织物种监测工作的“眼线”，真正参与到反盗猎、提供雪豹活动线索等活动中。

在公众参与方面，守护荒野聚集五湖四海的志愿者，开展了“云守护”行动，并提供了很多创意。例如雪豹主题精酿啤酒，与北京酿酒协会合作，在酿造配方中添加雪岭云杉，包装上汇集6位插画师志愿者的雪豹主题酒标设计，所得利润全部用于支持雪豹保护，在“福特汽车环保奖”2018年的尽职调查中，北京酿酒协会表示这次合作调动了啤酒产业链的多方参与，各方对于能得到参与物种保护的机会都非常感谢和珍惜。守护荒野等机构还开展了与雪豹相关的首饰、服饰、保温杯等产品的联名活动，精美的商品让保护成为一件时尚而有趣的事。

总体上，雪豹的生存面临栖息地及气候变化等因素的挑战，但同时，雪豹保护在中国也迎来了一个政府和民间协力的新阶段。未来，伴随着保护体制的完善，公众保护意识和参与热情的提高，更多资源将投入到民间环保公益组织的研究监测、社区人兽冲突补偿和社区发展中，相信雪豹保护的队伍会越发壮大，这个物种也将会有一个更加光明的未来。

本文原创者

猫盟

猫盟，全称中国猫科动物保护联盟，由生态爱好者和科学家组成，致力于研究和保护中国野生猫科动物的民间机构。

胡衡

复旦大学国际金融学士。2003 年开始涉足公益及企业社会责任（Corporate Social Responsibility，CSR）领域，拥有丰富的项目策划、管理、评估经验。2008 年加入明善道，现任明善道管理顾问公司高级咨询顾问和副总裁。设计执行“福特汽车环保奖”（2012 年至今）、广汽丰田十年社会贡献评估及规划、淡水河谷中国西部生态保护创新公众参与项目、宝洁中国先锋计划（2015—2020）、康师傅水创意公益提案竞赛、凯迪拉克“小胡杨计划”“驭沙计划”等环保公益项目。